U0340916

软件测试概论

李霞丽　吴立成　潘秀琴◎编著

中央民族大学出版社
China Minzu University Press

图书在版编目（CIP）数据

软件测试概论／李霞丽，吴立成，潘秀琴编著. --北京：中央民族大学出版社，2024.6. --ISBN 978-7-5660-2369-8

Ⅰ. TP311.55

中国国家版本馆 CIP 数据核字第 2024DC6048 号

软件测试概论

编　　著	李霞丽　吴立成　潘秀琴	
责任编辑	满福玺	
封面设计	汤建军	
出版发行	中央民族大学出版社	
	北京市海淀区中关村南大街 27 号　邮编：100081	
	电话：(010)68472815(发行部)　传真：(010)68932751(发行部)	
	(010)68932218(总编室)　　　　(010)68932447(办公室)	
经 销 者	全国各地新华书店	
印 刷 厂	北京鑫宇图源印刷科技有限公司	
开　　本	880×1230　　　　1/32　　　印张：5.5	
字　　数	125 千字	
版　　次	2024 年 6 月第 1 版　　2024 年 6 月第 1 次印刷	
书　　号	ISBN 978-7-5660-2369-8	
定　　价	45.00 元	

目 录

第1章 软件测试概述

1.1 软件测试起源与重要性

伴随着软件的产生，软件测试应运而生。软件规模小、复杂程度低，软件开发的过程缺乏指导和管理，整个过程相当随意。测试的含义缺乏明确定义，范围比较狭窄，通常将测试等同调试，由开发人员自己完成纠正软件中的故障的工作。早期对测试的投入极少，常常等到代码编写完毕、产品已经基本完成时才开始测试。

软件测试作为一种发现软件中存在的缺陷的活动，在1957年正式与软件调试区别开来。但是，依然没有形成对测试的全面准确的理解。当时存在着优先让产品工作而将测试工作往后推的思想，对测试的目的片面理解为产品工作的可行性，而没有准确地定义测试的目的是发现和改正软件中存在的错误。在很长一段时间内，测试活动通常是作为软件生命周期中的最后一项活动，总是在开发结束之后才进行。且当时主要依靠错误推测法寻找软件中的缺陷。因此，造成了大量软件交付后依然存在很多问题的现象，软件产品的质量无法保证，进一步加剧了软件危机。

20世纪70年代，这个阶段开发的软件复杂度仍然很低，但人们已开始思考软件开发流程问题，提出了软件工程概念，且试图建立软件开发过程模型。尽管对软件测试的真正含义还未达成共识，但软件测试已经频繁出现，成了当时的热词，一些大胆的探索者们建议在软件生命周期的开始阶段就根据软件需求规格说明制订测试计划，这一建议一直在软件开发中被采用。

当时涌现出一批软件测试大师，如 Bill Hetzel 博士就是软件测试领域先驱之一。Bill Hetzel 博士在美国的北卡罗来纳大学组织了历史上第一次正式的关于软件测试的会议。他首先将软件测试定义为："软件测试就是为程序能够按预期设想运行建立足够的信心。"后来他又将定义修订为："软件测试就是一系列活动，这些活动是为了评估一个程序或软件系统的特性或能力，并确定是否达到了预期结果。"该定义中的设想和预期的结果，就是我们现在所理解的用户需求或功能设计。Bill Hetzel 博士还指出，软件的质量就是符合需求。这一思想也深刻影响了现代软件工程中软件质量的定义。

概括来说，Bill Hetzel 博士的核心观点是：测试方法试图验证软件是正常工作的。所谓正常工作的，就是指软件的功能是按照预先的设计执行的，软件测试是以正向思维，针对软件系统的所有功能点，逐个验证其正确性。当前软件测试业界把这种方法看作软件测试的第一类方法。从此以后，软件测试开始频繁出现在软件工程的研究和实践中，也可以认为，软件测试作为一个学科正式诞生了。

Bill Hetzel 博士的观点和方法，受到很多业界权威的质疑和挑战。其中，最有代表性的人物是 Glenford J. Myers。Glenford J. Myers 认为，软件测试应该首先认定软件是有错误的，然后用逆向思维去发现尽可能多的错误并且改正错误，测试不应该着眼于验证软件是正确的。Glenford J. Myers 从心理学的角度提出论证，将验证软件是可工作的作为测试的目的，非常不利于测试人员发现软件的错误。Glenford J. Myers 于 1979 年提出了软件测试的定义："测试是为发现错误而执行的一个程序或者系统的过程。"一直到现在，这个定义被业界广泛认可，经常被引用。

Glenford J. Myers 提出了与测试相关的几点重要思想，分别如下：

（1）测试是为了证明程序有错，而不是证明程序无错误。

（2）一个好的测试用例，在于它能发现至今未发现的错误。

（3）一个成功的测试，是发现了至今未发现的错误的测试。

上述是软件测试的第二类方法。简单来说，第二类方法是验证软件是无法工作的，或者说是有错误的。Myers 认为，一个成功的测试用例必须是能够发现错误的测试，不然这个测试用例就没有价值。这就如同一个身体很难受的病人（假定此人确有病），到医院做一项医疗检查，结果各项指标都正常，那说明该项医疗检查对于诊断该病人的病情是没有价值的。Myers 提出的测试的目的是证伪这一概念，推翻了过去为表明软件正确而进行测试的认识，为软件测试的发展指出了方向。软件测试的理论、方法在此之后得到了长足的发展。第二类软件测试方法在业界也很流行，受到很多学术界专家的支持。

很多软件工程学、软件测试方面的论著中提道："测试的目的是寻找错误，并尽最大可能找出最多的错误。"不能单纯理解为测试人员就是挑毛病的。关于软件测试，一个被大家熟悉的明确而简洁的定义是："软件测试人员的目标是找到软件缺陷，尽可能早一些，并确保其得以修复。"这样的定义具有一定的片面性，且具有以下不良后果：

（1）容易误导测试人员以发现缺陷为唯一目标，而很少关注系统对需求的实现，测试活动往往会存在一定的随意性和盲目性。

（2）容易误导有些软件企业以发现的缺陷数量作为考核测试人员业绩的唯一指标。

综上所述，第一类测试可以描述为以下过程：在设计规定的环境下运行软件的功能，将其结果与用户需求或设计结果相比较，如果相符则测试通过，如果不相符则视为缺陷。这一过程的终极目标是将软件的所有功能在所有设计规定的环境下全部运行，并通过。在软件行业中一般把第一类方法奉为主流和行业标准。第一类测试方法以需求和设计为本，有利于界定测试工作的范畴，便于部署测试的侧重点。这一点对于大型软件，尤其是在有限的时间和人力资源情况下进行的测试，显得格外重要。

与第一类测试方法不同的是，第二类测试方法与需求或者设计结果没有必然联系，强调测试人员发挥主观能动性，使用逆向思维，思考开发人员理解的误区、不良的习惯、程序代码的边界、无效数据的输入及系统各种的弱点，试图通过破坏系统、摧毁系统，进而发现系统中各种各样的问题。第二类测试方法往往能够发现系统中的更多缺陷。

20 世纪 80 年代初，软件进入了大发展时期，软件的规模和复杂度越来越高，软件的质量变得越来越重要。软件测试的基础理论和实用技术形成于这一时期，人们为软件开发设计了流程和管理方法，软件开发的方式由混乱无序的开发过渡到结构化的开发，采用结构化分析与设计、结构化评审、结构化程序设计及结构化测试。这一时期提出了质量的概念，软件测试定义不再单纯是一个发现错误的过程，而是作为软件质量保证的主要职能，包含软件质量评价的内容。

Bill Hetzel 在《软件测试完全指南》一书中指出："测试是以评价一个程序或者系统属性为目标的任何一种活动。测试是对软件质量的度量。"这个定义至今仍被使用。软件开发人员和测试人员一起探讨软件测试问题，软件测试逐渐形成了行业标准。

1983 年，IEEE（电气和电子工程师协会）提出的软件工程术语中给软件测试下的定义是："使用人工或自动的手段来运行或测定某个软件系统的过程，其目的在于检验它是否满足规定的需求或弄清预期结果与实际结果之间的差别。"明确指出，软件测试的目的是检验软件系统是否满足需求。软件测试与整个开发流程融合成一体且需要运用专门的方法和手段，需要专门人才来承担软件测试工作。

1.2　软件测试行业发展与现状

目前国内的软件测试一般由软件公司内部进行，用户进行或者第三方测试。

在软件业较发达的国家，软件测试已成为软件开发的一个有机组成部分，并且在整个软件开发的系统工程中占据很大的比重。以美国的软件开发平均资金投入为例，一般情况下，需求分析和规划各占3%，设计占5%，编程占7%，测试占15%，投产和维护占67%。由此可见测试在软件开发中的地位是很重要的。

软件测试市场已成为软件产业中的一个独特市场。例如，在美国硅谷地区，绝大多数软件开发企业或者设有软件开发部门的公司，都有专门的软件测试组织，软件测试人员的数量相当于软件开发工程师的四分之三。在这些公司或部门中，负责软件测试的质量保证经理与软件开发的主管往往具有平等地位。除此之外，在软件产业发展较快的印度，软件测试在软件企业中同样具有举足轻重的地位。

与之形成鲜明对比的是国内软件测试市场表现不尽如人意。中国市场中的软件开发公司比比皆是，但软件测试公司却凤毛麟角。造成该局面的首要原因是企业对软件测试的重要性认识不到位。很多人认为程序能运行基本上就已经成功，没有必要成立专门的测试部门或设立测试岗位。另外，软件开发企业在为软件开发支付费用后，不希望再为软件的测试支付更多的成本，而项目甲方则往往认为开发合格的软件是软件开发企业的责任。有些项目的开发方或委托方虽然具有意愿对软件进行第三方测试，但是考虑到测试过程中往往需要软件开发商提供源代码，担心其知识产权遭到侵犯。这是软件测试市场无法迅速成长的又一个重要原因。此外，软件开发企业不重视利用外部的测试力量进行测试也是造成软件测试市场低迷的其中一个原因。

国内软件行业的现状是，普遍规模偏小，大型软件产品开发经验不足，缺乏规范的软件开发过程管理。因此，国内软件质量管理和测试行业，必须根据行业现状，确定软件质量目标和测试策略方法，不能照搬照抄国外成熟软件企业的做法。

1.3 软件测试基本概念

1.3.1 软件缺陷

一般来说，至少满足下面五个规则之一，才能称之为软件缺陷。

（1）软件未达到产品说明书标明的功能。

（2）软件出现了产品说明书指明不会出现的错误。

（3）软件功能超出产品说明书指明范围。

（4）软件未达到产品说明书虽未指出但是应该达到的目标。

（5）软件测试人员认为软件难以理解、不易使用、运行速度缓慢或者最终用户认为软件不好。

软件缺陷（Defect），常常又叫作英文 Bug。所谓软件缺陷，即为计算机软件或程序中存在的某种破坏正常运行能力的问题、错误等。软件缺陷往往会导致软件产品在某种程度上无法满足用户的需要。IEEE729—1983 标准对软件缺陷的定义："从产品内部看，缺陷是软件产品开发或维护过程中存在的错误、毛病等各种问题；从产品外部看，缺陷是系统所需要实现的某种功能的失效或违背。"

缺陷的主要类型有：软件没有实现需求规格说明中所要求的功能模块；软件中出现了产需求品规格说明指明的不应该出现的错误；软件实现了需求规格说明中没有提到的功能模块；软件没有实现需求规格说明，没有明确提及应该实现的目标；软件难以维护等。以开发计算器为例。计算器的需求规格说明规定，计算器应该能够准确无误地进行加、减、乘、除运算。如果按下加法键，计算器没有反应或者计算结果出错，则软件缺陷属于第一种类型的缺陷。

需求规格说明书还规定计算器不会死机，或者停止反应。如果随意敲键盘导致计算器停止接收输入，则属于第二种类型的缺陷。

如果使用计算器进行测试，发现除了加、减、乘、除之外还可以求平方根，但是产品规格说明却没有提及这一功能模块，则属于第三种类型的缺陷——软件实现了需求规格说明书中未提及的功能模块。

在测试计算器时若发现电池没电会导致计算不正确，而产品说明书是假定电池一直都有电的，则发现第四种类型的错误。

软件测试员如果发现某些地方使用不方便，如按键太小、"="键布置的位置不容易按下、在亮光下看不清显示屏等，则这些问题也要被认定为缺陷，属于第五种类型的缺陷。

描述一个缺陷时，需要使用以下属性：缺陷标识（Identifier）、缺陷类型（Type）、缺陷严重程度（Severity）、缺陷优先级（Priority）、缺陷状态（Status）、缺陷起源（Origin）、缺陷来源（Source）、缺陷根源（Root Cause）等。其中，缺陷标识是标记某个缺陷的一组符号。每个缺陷必须有一个唯一的标识。缺陷类型是根据缺陷的自然属性划分的缺陷种类。缺陷严重程度是指缺陷引起的故障对软件产品的影响程度。缺陷的优先级是指缺陷必须被修复的紧急程度。缺陷状态指缺陷通过一个跟踪修复过程的进展情况。缺陷来源指缺陷引起的故障或事件第一次被检测到的阶段。缺陷来源指缺陷的起因。缺陷根源指发生错误的根本因素。

软件缺陷严重等级描述包括：致命的（critical）、严重的（major）、轻微的（minor）、甚微的（cosmetic）、其他（other）等几种类型。致命的（critical）等级不能执行正常工作功能或重要功能或者危及人身安全。严重的（major）等级严重地影响系统要求或基本功能的实现，且没有办法更正（重新安装或重新启动该软件不属于更正办法）。轻微的（minor）等级严重影响系统要求或基本功能的实现，但存在合理的更正办法（重新安装或重新启动该软件不属于更正办法）。甚微的（cosmetic）等级使操作者不方便或遇到麻烦，但它不影响执行工作功能或重要功能。

其他（other）的等级，其他错误。其中，同行描述缺陷时，通常包括严重的（major）、轻微的（minor）等级。处理缺陷时，按照优先级进行。缺陷优先级描述包括，缺陷必须被立即解决（Resolve Immediately）、缺陷需要正常排队等待修复或列入软件发布清单（Normal Queue）、缺陷可以在方便时被纠正（Not Urgent）。缺陷根据优先级进行合适的处理后，会具有以下几种状态：已提交的缺陷（Submitted）；确认提交的缺陷，等待处理（Open）；拒绝提交的缺陷，不需要修复或不是缺陷（Rejected）；缺陷被修复（Resolved）；确认被修复的缺陷，将其关闭（Closed）。

缺陷起源描述包括：在需求阶段发现的缺陷（Requirement）；在构架阶段发现的缺陷（Architecture）；在设计阶段发现的缺陷（Design）；在编码阶段发现的缺陷（Code）；在测试阶段发现的缺陷（Test）。

缺陷来源描述包括：由于需求的问题引起的缺陷（Requirement）；由于构架的问题引起的缺陷（Architecture）；由于设计的问题引起的缺陷（Design）；由于编码的问题引起的缺陷（Code）；由于测试的问题引起的缺陷（Test）；由于集成的问题引起的缺陷（Integration）。

一旦发现软件缺陷，就要设法找到引起这个缺陷的原因，分析对产品质量的影响，然后确定软件缺陷的严重性和处理这个缺陷的优先级。各种缺陷所造成的后果是不一样的，有的仅仅是不方便，有的可能是灾难性的。一般问题越严重，其处理优先级就越高，可以概括为以下四个级别。

微小的（Minor）：一些小问题，如有个别错别字、文字排版不整齐等，对功能几乎没有影响，软件产品仍可使用。

一般的（Major）：不太严重的错误，如次要功能模块丧失、提示信息不够准确、用户界面差和操作时间长等。

严重的（Critical）：严重错误，是指功能模块或特性没有实现，主要功能部分丧失，次要功能全部丧失，或致命的错误声明。

致命的（Fatal）：致命的错误，造成系统崩溃、死机，或造成数据丢失、主要功能完全丧失等。

在软件开发的过程中，软件缺陷的产生是不可避免的。分析造成软件缺陷主要原因需要从软件本身、团队工作和技术问题等角度进行，软件缺陷的产生主要是因为软件产品和开发过程的特点。比如，需求不清晰，导致设计目标偏离客户的需求，从而引起功能或产品特征上的缺陷。不同阶段的开发人员相互理解不一致。例如，软件设计人员对需求分析的理解有偏差，编程人员对系统设计规格说明书某些内容重视不够，或存在误解。对于设计或编程上的一些假定或依赖性，相关人员没有充分沟通。项目组成员技术水平参差不齐，新员工较多，或培训不够等原因也容易引起问题。系统结构非常复杂，而又无法设计成一个很好的层次结构或组件结构，结果导致意想不到的问题或系统维护、扩充上的困难。即使设计成良好的面向对象的系统，由于对象、类太多，很难完成对各种对象、类相互作用的组合测试，而隐藏着一些参数传递、方法调用、对象状态变化等方面问题。

还有，对程序逻辑路径或数据范围的边界考虑不够周全，漏

掉某些边界条件，造成容量或边界错误。

对一些实时应用，需要进行精心设计才能保证精确的时间同步，否则容易引起时间上不协调、不一致带来软件缺陷。

没有考虑系统崩溃后的自我恢复或数据的异地备份、灾难性恢复等问题，从而存在系统安全性、可靠性的隐患。系统运行环境的复杂，用户使用的计算机环境千变万化，用户的各种操作方式或输入的不同数据，都容易引起一些特定用户环境下的问题；在系统实际应用中，数据量很大，很有可能引起强度或负载问题。通信端口多、存取和加密手段的矛盾性等，会造成系统的安全性或适用性等问题。

新技术的采用，可能涉及技术或系统兼容的问题。还有一些技术问题会引起软件缺陷。比如，算法错误、语法错误、计算和精度问题等。

项目管理方面存在的问题也可能引起软件缺陷。比如，不重视质量计划，对质量、资源、任务、成本等的平衡性把握不好，容易挤掉需求分析、评审、测试等时间，遗留的缺陷会比较多。

开发周期短，需求分析、设计、编程、测试等各项工作不能完全按照定义好的流程来进行，工作不够充分，结果也就不完整、不准确，错误较多。开发流程不够完善，存在太多的随机性和缺乏严谨的内审或评审机制，容易产生问题。

另外，造成软件缺陷的原因还可能是文档不完善，风险估计不足等。

从软件测试观点出发，软件缺陷有五大类：功能缺陷、测试缺陷、系统缺陷、加工缺陷、数据内容缺陷。

功能缺陷是指程序实现的功能与用户要求的不一致。需求规格说明书缺陷是指规格说明书可能不完全，有二义性或自身矛盾。另外，在设计过程中可能修改功能，如果不能紧跟这种变化并及时修改规格说明书，则产生规格说明书错误。比如，软件未达到产品说明书表明的功能、软件出现了产品说明书指明不会出现的错误、软件功能超出产品说明书指明范围、软件未达到产品说明书虽未指出但应达到的目标。

测试缺陷是指软件测试的设计与实施发生错误。特别是系统级的功能测试，要求复杂的测试环境和数据库支持，还需要对测试进行脚本编写。因此软件测试自身也可能发生错误。另外，如果测试人员对系统缺乏了解，或对规格说明书做了错误的解释，也会发生许多错误。

系统缺陷包括外部接口缺陷、内部接口缺陷、硬件结构缺陷、控制与顺序缺陷、资源管理缺陷。外部接口缺陷如终端、打印机、通信线路等系统与外部环境通信的手段。所有外部接口之间、人与机器之间的通信都使用形式的或非形式的专门协议。如果协议有错，或太复杂，难以理解，就会致使在使用中出错。此外，还包括对输入/输出格式错误理解，对输入数据不合理的容错等。内部接口缺陷是指程序内部子系统或模块之间的联系。它所发生的缺陷与外部接口相同，只是与程序内实现的细节有关，如设计协议错误、输入/输出格式错误、数据保护不可靠、子程序访问错误等。硬件结构缺陷是指不能正确理解硬件如何工作，如忽视或错误地理解分页机构、地址生成、通道容量、I/O指令、中断处理、设备初始化和启动等而导致的出错。

操作系统缺陷是指不了解操作系统的工作机制而导致出错。当然，操作系统本身也有缺陷，但是一般用户很难发现这种缺陷。

软件结构缺陷是指由于软件结构不合理而产生的缺陷。这种缺陷通常与系统的负载有关，而且往往在系统满载时才出现。例如，错误地设置局部参数或全局参数，错误地假定寄存器与存储器单元初始化了，错误地假定被调用子程序常驻内存或非常驻内存等，都将导致软件出错。

控制与顺序缺陷包括，忽视了时间因素而破坏了事件的顺序、等待一个不可能发生的条件、漏掉先决条件、规定错误的优先级或程序状态、漏掉处理步骤、存在不正确的处理步骤或多余的处理步骤等。

资源管理缺陷是指由于不正确地使用资源而产生的缺陷，如使用未经获准的资源、使用后未释放资源、资源死锁、把资源链接到错误的队列中等。

加工缺陷包括算法与操作缺陷、初始化缺陷、控制和次序缺陷、静态逻辑缺陷。算法与操作缺陷是指在算术运算、函数求值和一般操作过程中发生的缺陷，如数据类型转换错、除法溢出、不正确地使用关系运算符、不正确地使用整数与浮点数做比较等。

初始化缺陷包括忘记初始化工作区、忘记初始化寄存器和数据区，错误地对循环控制变量赋初值，用不正确的格式、数据或类型进行初始化等。

控制和次序缺陷与系统级同名缺陷相比，它是局部缺陷。如遗漏路径、不可达到的代码、不符合语法的循环嵌套、循环返回和终止的条件不正确、漏掉处理步骤或处理步骤有错等。

静态逻辑缺陷包括不正确地使用 switch 语句；在表达式中使用不正确的否定，如用>代替<的否定；对情况不适当地分解与组合；混淆"或"与"异或"等。

数据内容缺陷就是由于存储于存储单元或数据结构中的位串、字符串或数据内容被破坏或被错误地解释而造成的缺陷。数据结构缺陷包括结构说明错误及数据结构误用的错误，包括对数据属性不正确的解释，如错把整数当实数，允许不同类型数据混合运算而导致的错误等。

用户一般是非软件开发专业人员，软件开发人员和用户的沟通存在较大困难，对要开发的产品功能理解不一致。由于在开发初期，软件产品还没有设计和编程，完全靠想象去描述系统的实现结果，所以有些需求特性不够完整、清晰。用户的需求总是不断变化，这些变化如果没有在产品规格说明书中得到正确的描述，容易引起前后文、上下文的矛盾。对规格说明书不够重视，在规格说明书的设计和写作上投入的人力、时间不足。没有在整个开发队伍中进行充分沟通，有时只有设计师或项目经理得到比较多的信息。排在产品规格说明书之后的是设计，编程排在第三位。因此，规格说明书是软件缺陷出现最多的地方。

软件测试强调测试人员要在软件开发的早期尽早介入，需求分析阶段就应介入，问题发现得越早越好。发现缺陷后，要尽快修复缺陷。其原因在于错误并不只是在编程阶段产生，需求和设计阶段同样会产生错误。软件开发早期的一个很小范围内的错误，随着产品开发工作的进行，小错误会扩散成大错误，为了修改后期的错误所做的工作要多得多。如果错误不能及早发现，那只可能造成越来越严重的后果。缺陷发现或解决得越迟，成本就越高。

平均而言，如果在需求阶段修正一个错误的代价是 1，那么，在设计阶段所付出的代价就是需求阶段的 3—6 倍，在编程阶段是 10 倍，内部测试阶段是 20—40 倍，外部测试阶段是 30—70 倍，而到了产品发布出去时，这个数字就会是 40—1000 倍，修正错误的代价不是随时间线性增长，而是几乎是呈指数增长的。

1.3.2 测试环境

测试环境是指为了完成软件测试工作所必需的计算机硬件、软件、网络设备、历史数据的总称。测试环境由软件、硬件、网络、数据准备、测试工具共同构成。稳定和可控的测试环境，可以使测试人员花费较少的时间完成测试用例的执行，无须为测试用例、测试过程的维护花费额外的时间，并且可以保证每一个被提交的缺陷都可以被准确地重现。

一般来说，良好的规划和管理测试环境，能够尽可能减少环境变动对测试工作的不利影响，并可以提高测试工作的效率和质量。

测试环境是软件测试顺利实施的重要保障，一个适合的测试环境能够保证测试结果的真实性和正确性。硬件环境和软件环境共同构成测试环境。硬件环境是指必需的服务器、客户端、网络连接设备及打印机/扫描仪等；软件环境是指被测软件运行时的操作系统、数据库及其他应用软件等。

（1）测试环境的组成。计算机的数量以及计算机的硬件配置，如 CPU 速度、内存容量、硬盘容量、网速度、打印机型号等。Web 服务器、数据服务器及操作系统、数据库管理系统、中间件及其他必需组件的名称、版本，甚至包括相关补丁。网络环境。例如，如果测试结果与网络速度有关，那么应该保证计算机的网卡、网线及用到的集线器、交换机都不会成为瓶颈。

（2）管理测试环境。测试环境管理员应该为每个测试项目或测试小组配备一名专门的管理员，负责管理和搭建测试环境。具体包括操作系统、数据库、中间件、Web 服务器等必需软件的安装和配置，并编写各项安装、配置手册。记录测试环境内每台机器的软件和硬件配置、IP 地址、端口配置、机器用途；记录测试环境各项变更；备份和恢复测试环境；管理测试环境中涉及的各个用户及其权限等。

（3）记录各种文档。记录的文档包括测试环境的各台机器的软硬件配置环境文档，测试环境的备份办法手册、恢复方法手册，关于备份时间、操作人、备份原因等的文档。还包括用户权限管理文档，用来记录各种用户名、密码及各用户的权限，并对每次变更进行记录，并且记录访问操作系统、数据库、中间件、Web 服务器等。

（4）测试环境的备份和恢复。测试环境应该是可恢复的，在测试环境（特别是软件环境）发生重大变动时能够进行完整的备份，如使用 Ghost 对硬盘或某个分区进行镜像备份。

软件测试概论

1.3.3　测试用例

　　测试用例（Test Case）目前没有标准的定义。一般是指对一项特定的软件产品描述测试任务，确定测试目标、测试环境、输入数据、测试步骤、预期结果、测试脚本等，体现测试方案、方法、技术和策略，并形成文档。

　　不同类别的软件，测试用例是不同的。测试用例设计需要针对软件产品的功能、业务规则和业务处理进行。例如，对于企业管理软件的测试，一般的做法是把测试数据和测试脚本从测试用例中划分出来。一般是由软件公司组建独立专职测试部门，开展软件测试。测试工作包括编制测试计划、编写测试用例、准备测试数据、编写测试脚本、实施测试、测试评估等。测试方式包括手工测试或者自动化测试。

　　测试用例构成了设计和制定测试过程的基础。测试的"深度"与测试用例的数量成比例。判断测试是否完全的一个主要评测方法是基于需求的覆盖，而这又是以确定、实施或执行的测试用例的数量为依据的。测试工作量与测试用例的数量成比例。

　　测试用例分为基本事件、备选事件和异常事件测试用例。设计基本事件的用例时，应该参照设计规格说明书，包含所有需要实现的需求功能，覆盖率达100%。

　　为备选事件和异常事件设计测试用例比为基本事件设计测试用例复杂。例如，字典的代码是唯一的，不允许重复，出现重复就是发生了异常事件。我们测试"字典代码重复"这个异常事件时，如果字典新增程序中事先已经存在有关字典代码重复方面的约束，程序中出现"字典代码重复"的报错，并且这个报错是正确的报错，则我们可以为异常事件"字典代码重复"设计测试用例。但是一般情况下，对基本事件的文档描述比较全面清晰，对备选事件和异常事件分析描述不够详尽。测试工作需要考虑全部异常事件和备选事件，尽量发现其中的错误。

可以采用等价类划分法、边界值分析法、错误推测法、因果图法、逻辑覆盖法等设计测试用例。灵活运用各种基本方法来设计完整的测试用例，并最终发现软件中的错误，需要测试设计人员具有丰富的经验。

测试用例在软件测试中的作用如下。

（1）指导测试的实施。测试用例作为实施测试的标准，需要测试人员严格按用例的项目和测试步骤逐一实施测试，并把测试情况记录在测试用例管理软件中，以便自动生成测试结果文档，实施测试时测试人员不能随意变动。

（2）准备测试数据。实践中，测试数据是与测试用例分离的。按照测试用例，配套准备一组或若干组测试数据以及预测的测试结果。比如，测试报表数据集的正确性，按照测试用例准备测试数据就是必需的。除正常数据之外，还需要根据测试用例准备大量边缘数据和错误数据。

（3）编写测试脚本的"设计规格说明书"。自动测试已经在实际软件测试中占据重要位置，自动测试的中心任务是编写测试脚本，测试脚本的设计规格说明书就是测试用例。

（4）评估测试结果的度量基准。测试实施完成后，需要评估测试结果并且编制测试报告。衡量测试质量需要一些量化的指

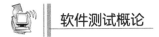

标，如测试覆盖率和测试合格率等。

（5）分析缺陷的标准。对比测试用例和缺陷数据库，分析确证是漏测还是缺陷复现。漏测反映了测试用例存在不完善的地方，应补充相应测试用例，最终逐步完善软件质量。

1.4 软件测试的目的、意义与准则

1.4.1 软件测试的目的及意义

因为开发工作的前期不可避免地会引入错误，测试的目的就是发现软件缺陷，提高软件质量。这对于某些涉及人的生命安全或重要的军事、经济目标的项目显得尤其重要。

1.4.2 软件测试准则

第一个准则是软件测试尽量不由程序设计者进行测试。第二个准则是注重测试用例的选择。测试用例不仅包括输入数据的组成（输入数据、预期的输出结果），还要既有合理输入数据，也有不合理地输入数据。用例既能检查应完成的任务，也能够检查不应该完成的任务。测试用例能够长期保存。第三个准则是充分注意测试中的群集现象。

1.5　软件测试过程模型

常见的软件测试模型包括 V 模型、W 模型、H 模型、X 模型等。

1.5.1　V 模型

V 模型如图 1-1 所示，是最广为人知的软件测试模型，已存在了很长时间，和瀑布开发模型具有某些共同的特性，因此也和瀑布模型一样地受到了批评和质疑。V 模型中，从左到右描述了基本的开发过程和测试行为。V 模型的价值在于它非常明确地标明了测试过程中存在的不同活动，并且清楚地描述了不同测试阶段的对应关系。但是 V 模型的局限性在于把测试作为编码之后的最后一个活动，容易导致需求分析等前期产生的错误直到后期的验收测试才能被发现，修改错误的成本可能大幅增加。

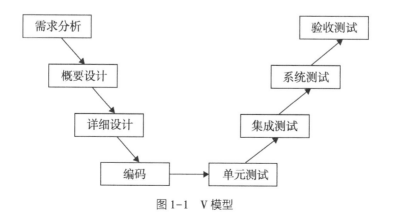

图 1-1　V 模型

1.5.2 其他模型

V 模型的局限性在于把测试作为编码之后的最后一个活动，无法体现尽早地和不断地进行软件测试的原则。改进 V 模型，在软件各开发阶段增加应同步进行的测试，就演化为 W 模型，如图 1-2 所示。在图中不难看出，开发是 V，测试是与此并行的 V，因此形象地称为 W 模型。基于尽早地和不断地进行软件测试的原则，在软件需求和设计阶段进行的测试活动应遵循 IEEE1012—1998 标准《软件验证与确认（V&V）》中的规定。

W 模型由 Evolutif 公司提出，相对于 V 模型，W 模型更科学，是 V 模型的发展，强调测试伴随着整个软件开发周期，测试的对象不仅仅是程序，需求、功能和设计同样需要测试。W 模型中测试与开发同步进行，有利于尽早发现问题。

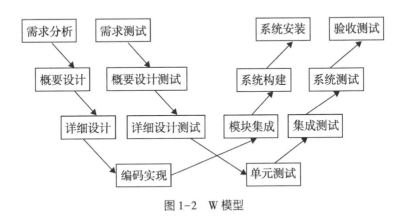

图 1-2　W 模型

W 模型和 V 模型一样，也有局限性，把软件的开发视为需求、设计、编码等一系列串行活动，无法支持迭代以及变更调整。

　　X 模型如图 1-3 所示，是在 V 模型基础上改进的，针对不同的程序片段，分别进行编码和测试，此后通过频繁的交接，最终集成为可执行的程序。

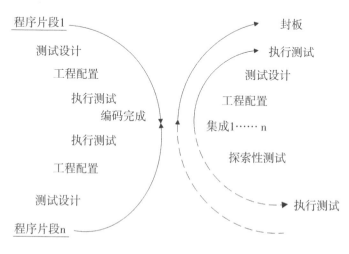

图 1-3　X 模型

　　X 模型中，左边代表针对单独程序片段 1，2，⋯⋯n 等分别进行的编码和测试，然后通过频繁的交接，集成为可执行的程序，对这些可执行程序进行测试。最后，在基本能够完成预期交付的要求后会进行封板发布。在 X 模型中，除了对程序片段、程序集合进行测试以外，还引入探索性测试，根据测试者的工作经验和对产品的实际体验对产品开展相关的检验。测试人员通过这种不断探索的测试方法，可以摆脱原来耗时的测试计划制定阶段，把时间用在测试本身上，可以发现更多传统测试方法难以识别的问题，探索性测试通常由工作经验相对丰富的测试人员来完成。

X模型没有明确定义单元、集成、系统的明显界限，不过分强调测试所处的阶段，更注重软件开发项目从简单到复杂的演进过程以及可实现性。X模型中程序片段和程序集合的测试、编码同步进行，不像V模型过分强调先单元再集成后系统的固定模式，因此X模型能够迭代开发，更灵活。但是，更加灵活的软件开发模式，往往会提高项目管理的不可控性。因此对管理人员的要求更高，需要根据实际情况，动态调整资源分配及进度安排，对整个项目团队提出了更高的运营管理要求。

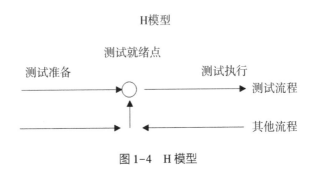

图1-4　H模型

图1-4展示了H模型在整个生产周期中的一次测试微循环。图中标注的其他流程可以是任意的开发流程，如设计流程或者编码流程。只要测试条件成熟，测试准备活动完成，测试执行活动就可以进行。

H模型蕴含的原理是，软件测试贯穿产品整个生命周期，是一个独立的流程，与其他流程并发地进行。该模型指出软件测试要尽早准备，尽早执行。不同的测试活动可以按照某个次序先后进行，也可能反复进行，只要某个测试达到就绪点，就可以执行测试活动。

综上，V 模型主要反映测试活动与分析和设计的关系，是软件开发瀑布模型的变种，该模型的局限在于把测试作为编码之后的最后一个活动，需求分析等前期产生的错误直到后期的验收测试才能发现。

在 V 模型的基础上，增加开发阶段的同步测试，形成 W 模型。该模型中测试与开发同步进行，有利于尽早发现问题，但是该模型的局限性是把开发活动看成是从需求开始到编码结束的串行活动，只有上一阶段完成后，才可以开始下一阶段的活动，不支持迭代，自发性以及变更调整。

H 模型中，软件测试过程活动完全独立，贯穿于整个产品的周期，与其他流程并发地进行，某个测试点准备就绪时，就可以从测试准备阶段进行到测试执行阶段。

1.6　软件测试分类

1.6.1　按是否查看源代码划分为黑盒测试和白盒测试

白盒测试也称结构测试或逻辑驱动测试，它是按照程序内部的结构测试程序，通过测试来检测产品内部动作是否按照设计规格说明书的规定正常进行，检验程序中的每条通路是否都能按预定要求正确工作。这一方法是把测试对象看作一个打开的盒子，测试人员依据程序内部逻辑结构相关信息，设计或选择测试用例，对程序所有逻辑路径进行测试，通过在不同点检查程序的状态，确定实际的状态是否与预期的状态一致。

黑盒测试也称功能测试，它是通过测试来检测每个功能是否都能正常使用。在测试中，把程序看作一个不能打开的黑盒子，在完全不考虑程序内部结构和内部特性的情况下，在程序接口进行测试，它只检查程序功能是否按照需求规格说明书的规定正常使用，程序是否能适当地接收输入数据而产生正确的输出信息。黑盒测试着眼于程序外部结构，不考虑内部逻辑结构，主要针对软件界面和软件功能进行测试。

1.6.2 按是否运行程序划分为静态测试和动态测试

1. 静态测试

静态测试是指不实际运行被测软件，只是静态地检查程序代码、界面或者文档中可能存在的错误的过程。它主要采取代码走查、技术评审、代码审查的方法对软件产品进行测试。从概念中可以知道，其包括对代码测试、界面测试和文档测试三个方面。对于代码测试，要测试代码是否符合相应的标准和规范；对于界面测试，主要测试软件的实际界面与需求中的说明是否相符；对于文档测试，主要测试用户手册和需求说明是否符合用户的实际需求。其中，后两者的测试容易一些，只要测试人员对用户需求很熟悉，就很容易发现界面和文档中的缺陷。而对程序代码的静态测试要复杂得多，需要按照相应的代码规范模板逐行检查程序

代码。对于规范模板，没有一个统一的标准，每个公司内部一般
都有自己的编码规范，只需要逐条测试就可以了。很多白盒测试
工具中自动集成了各种语言的编码规范。比如，Parasoft 公司的
C++Test 就集成了 C/C++的编码规范，只要点击一个按钮，就会
自动检测代码中不符合语法规范的地方，非常方便。

下面我们举一个 C 语言程序的静态分析和动态分析的例子，
代码如下。

```
#include <stdio. h>
Max( float x, float y)
{
float z;
z=x>y? x:y;
return( z) ;
}
Main( )
{
float a, b;
int c;
scanf( "%f, %f"&a,&b) ;
c=max( a,b) ;
printf( "Max is %d\n", c) ;
}
```

这段 C 语言编写的程序比较简单，实现的功能为在主函数里

输入两个单精度数 a 和 b，调用 max 子函数来求 a 和 b 中的大数，将大数输出。对代码进行静态分析，主要根据一些 C 语言的基础知识来检查。把问题分为两种，一种是必须修改的，另一种是建议修改的。

必须修改的问题有三个，分别如下。

（1）程序没有注释。注释是程序中非常重要的组成部分，一般占到总行数的 1/4 左右。注释可以帮助别人很快地了解程序实现的功能。注释应该包含作者，版本号、创建日期等，以及主要功能模块的含义。

（2）子函数 max 没有返回值的类型。由于类型为单精度，应该在 max( ) 前面加一个 float 类型声明。

（3）精度丢失问题。请注意 c＝max(a,b) 语句，我们知道 c 的类型为整型 int，而 max(a,b) 的返回值 z 为单精度 float，将单精度的数赋值给一个整型的数，c 语言的编译器会自动地进行类型转换，将小数部分去掉。比如，z＝2.5，赋给 c 则为 2，最后输出的结果就不是 a 和 b 中的大数，而是大数的整数部分。

建议修改的问题也有三个，分别如下。

（1）Main 函数没有返回值类型和参数列表。我们最后将其改为 void main(void)，来表明 main 函数的返回值和参数都为空，因为有的白盒测试工具的编码规范中，如果不写 void 会认为是个错误。

（2）一行代码只定义一个变量。

（3）程序适当加些空行。空行不占内存，会使程序看起来更清晰。

程序修改如下：

```
/*程序名称:求两个实数中的大数
版本:1.0
创建时间:2024-03-12
*/
#include <stdio.h>
float max(float x, float y)//返回两个单精度数中的大数
{
float z;
z=x>y?x:y;
return(z);
}
main()
{
float a;
float b;
int c;

sc1anf("%f, %f"&a, &b);
c=max(a, b);
printf("Max is %d\n", c);
}
```

根据上面的分析，我们可以编写一个简单的 C 语言代码规范，如表 1-1 所示。

表 1-1　C 语言代码规范

规范编号	规范内容
1	一行代码只做一件事情
2	代码行的最大长度控制在 70—80 字，否则不便于阅读和打印
3	函数和函数之间，定义语句和执行语句之间加空行
4	在程序开头加注释，说明程序的基本信息；在重要的函数模块处加注释，说明函数的功能
5	低层次的语句比高层次的缩进一个 tab 键（4 个空格）
6	不要漏掉函数的参数和返回值，如果没有，用 void 表示

2. 动态测试

动态测试指的是实际运行被测程序，输入相应的测试数据，检查实际输出结果和预期结果是否相符的过程。判断一个测试属于动态测试还是静态测试，唯一的标准就是看是否运行程序。

以刚才的那段代码为例，实际运行经过静态测试后修改后的程序，输入 1.2 和 3.5 两个实数，得到结果 3.500000，与预期的相符合。这是一个动态测试的过程。以上过程也是黑盒测试。黑盒白盒和动态测试只是测试的不同角度，同一个测试，既有可能是黑盒测试，也有可能是动态测试；既有可能是静态测试，也有可能是白盒测试。黑盒测试有可能是动态测试，比如运行程序后看输入输出；也有可能是静态测试，比如不运行程序只看界面。白盒测试有可能是动态测试，比如运行程序并分析代码结构；也有可能是静态测试，比如不运行程序，只静态查看代码。动态测试有可能是黑盒测试，比如运行程序看输入输出；也有可能是白盒测试，比如运行并分析代码结构。静态测试有可能是黑盒测试，比如不运行程序只查看界面；也有可能是白盒测试，比如不运行程序只查看代码。

1.6.3　按阶段划分为单元测试、集成测试、系统测试和验收测试

按照测试阶段划分，测试可以划分为单元测试、集成测试、系统测试和验收测试。

单元测试是对软件中的基本组成单位进行的测试，如一个模块、一个过程等。它是软件动态测试的最基本的部分，也是最重要的部分之一，其目的是检验软件基本组成单位中的错误并改正。单元测试是以该单元的详细设计文档为基础的，主要采取白盒测试方法。

集成测试是在软件系统集成过程中所进行的测试，其主要目的是检查软件单位之间的接口是否存在问题。根据集成测试计划，一边将模块或其他软件单位组合成越来越大的系统，一边运行该系统，以分析所组成的系统各组成部分是否合拍。集成测试的策略主要有自顶向下和自底向上以及三明治三种形式。测试的依据是单元测试的模块以及概要设计文档。

系统测试是对已经集成好的软件系统进行彻底的测试，以验证软件系统的功能和性能等是否满足其规约所指定的要求，被称为测试的"先知者问题"。系统测试按照测试计划进行，依据系统需求规格说明书文档，将其输入、输出和其他动态运行行为与

软件规约进行对比。软件系统测试方法很多，主要有功能测试、性能测试、安全性测试等。

验收测试旨在向软件的购买者展示该软件系统满足其用户的需求。它的测试数据通常来源于系统测试的测试数据的子集。验收测试是软件在投入使用之前的最后测试。验收测试是一种有效性测试或合格性测试，由于验收阶段的特殊性，一般以黑盒测试和配置复审为主，以自动化测试和特殊性能测试为辅，用户、软件开发实施人员和质量保证人员共同参与。验收测试始终要以双方确认的需求规格说明和技术合同为准，确认各项需求是否得到满足，各项合同条款是否得到贯彻执行。验收测试和单元测试、集成测试不同，它是以验证软件的正确性为主，而不是以发现软件错误为主。对验收测试中发现的软件错误要分级分类处理，直到通过验收为止。

1.6.4　其他测试

回归测试是在软件维护阶段，对软件进行修改之后进行的测试。其目的是检验在对软件修改过程中是否引入了新的错误。一是测试错误是否得到改正，是否能够适应新的运行环境等；二是修改活动不影响软件的其他功能。

冒烟测试是指在对一个新版本进行大规模的系统测试之前先验证一下软件的基本功能是否实现，是否具备可测性。

随机测试是指测试中所有的输入数据都是随机生成的，其目的是模拟用户的真实操作，并发现一些边缘性的错误。

1.7 软件测试工具

测试工具一般可分为白盒测试工具、黑盒测试工具、性能测试工具，另外还有用于测试管理，如测试流程管理、缺陷跟踪管理、测试用例管理的工具，这些工具主要是 Mercury Interactive（MI）、Segue、IBM Rational、Compuware 和 Empirix 等公司的产品。

1.7.1 测试工具分类

1. 白盒测试工具

白盒测试工具一般是针对代码进行测试，测试中发现的缺陷可以定位到代码级，可以分为静态测试工具和动态测试工具。

静态测试工具：直接对代码进行分析，不需要运行代码，也不需要对代码编译链接。静态测试工具一般是对代码进行语法扫描，找出不符合编码规范的地方，根据某种质量模型评价代码的质量，生成系统的调用关系图等。静态测试工具有 Telelogic 公司的 Logiscope 软件、PR 公司的 PRQA 软件、McCabe & Associates 公司开发的 McCabe Visual Quality ToolSet 分析工具、Software Research 公司开发的 TestWork/Advisor 分析工具及 Software Emancipation 公司开发的 Discover 分析工具，北京邮电大学开发的 DTS 缺陷测试工具等。

动态测试工具与静态测试工具不同，动态测试工具一般采用

插桩的方式，向代码生成的可执行文件中插入一些监测代码，用来统计程序运行时的数据。其与静态测试工具最大的不同就是动态测试工具要求被测系统实际运行。动态测试工具的代表有Compuware 公司的 DevPartner 软件、IBM Rational 公司的 Purify 系列等。

2. 黑盒测试工具

黑盒测试工具包括功能测试工具和性能测试工具。黑盒测试工具的一般原理是利用脚本的录制（Record）/回放（Playback）来模拟用户的操作，然后将被测系统的输出记录下来，同预先给定的标准结果比较。黑盒测试工具可以大幅减轻黑盒测试的工作量，黑盒测试工具的代表有 IBM Rational 公司的 TeamTest、Compuware 公司的QACenter 等。

3. 性能测试工具

专用于性能测试的工具有 Radview 公司的 WebLoad、Microsoft 公司的 WebStress、针对数据库测试的 TestBytes、对应用性能进行优化的 EcoScope 等工具。Mercury Interactive 的LoadRunner 是一种适用于各种体系架构的自动负载测试工具，它能预测系统行为并优化系统性能。LoadRunner 的测试对象是整个企业的系统，它通过模拟实际用户的操作行为和实行实时性能监测，更快地查找和发现问题。

4. 测试管理工具

一般而言，测试管理工具对测试计划、测试用例、测试实施进行管理，还包括对缺陷的跟踪管理。测试管理工具的代表有 IBMRational 公司的 TestManager、Compureware 公司的 TrackRecord、

Mercury Interactive 公司的 TestDirector 等软件。

1.7.2　测试工具选择

目前市场上主流的测试工具以 Mercury Interactive、IBM Rational 和 Compuware 公司开发的软件测试工具为主导。Mercury Interactive 公司产品包括 LoadRunner、WinRunner、TestDirector、QT 等。IBM Rational 公司产品包括 Rational Robot 功能/性能测试工具、Rational Purify 白盒测试工具、Rational TestManager 测试管理工具及 Rational ClearQuest 缺陷/变更管理工具等。Compuware 公司产品包括自动黑盒测试工具 QACenter、自动白盒测试工具 DevPartner 及 Vantage 应用级网络性能监控管理软件等。对测试工具的选择是一个重要的问题，应根据测试需求和实际条件来选择已有的测试工具，或购买、自行开发相应的测试工具。

1.8　典型测试案例

三角形问题是本书中经常出现并使用的测试案例。该问题的具体描述如下。

接受三个整数 a，b，c 作为输入，用作三角形的边。整数 a，b，c 必须满足以下条件：

(1) $1 \leqslant a \leqslant 50$；

(2) $1 \leqslant b \leqslant 50$；

(3) $1 \leqslant c \leqslant 50$；

(4) $a < b + c$；

(5) $b < a + c$；

(6) $c < a + b$。

　　程序的输出是由这三条边确定的三角形的类型，包括等边三角形、等腰三角形、不等边三角形或者非三角形。如果输入值没有满足这些条件中的任何一个，则程序输出消息来进行提示。例如，a 的取值不在允许取值的范围内。如果 a，b，c 取值满足上述（1）（2）（3）条件，则给出以下四种相互排斥输出中的一个。如果三条边相等，则程序的输出是等边三角形。如果恰好有两条边相等，则程序的输出是等腰三角形。如果没有两条边相等，则程序输出的是不等边三角形。如果（4）（5）（6）中有一个条件不满足，则程序输入的是非三角形。

第 2 章　白盒测试

　　白盒测试有时也称玻璃盒测试，它按照程序内部结构测试程序，检测产品内部动作是否按照设计规格说明书的规定进行，检验程序中的每条通路是否发生错误。测试人员依据程序内部的逻辑结构来设计测试用例，对程序所有的逻辑路径进行测试以确定实际输出是否与预期输出一致。

　　白盒测试目前主要用在具有高可靠性要求的软件领域，如航天航空软件、工业控制软件等。白盒测试工具在选购时应当注意对开发语言的支持、代码覆盖的深度、嵌入式软件的测试、测试的可视化等。白盒测试的优点是迫使测试人员去仔细思考软件的实现，检测代码中的每条分支和路径，揭示隐藏在代码中的错误，对代码的测试比较彻底。白盒测试的缺点是昂贵，无法检测代码中遗漏的路径和数据敏感性错误。

2.1 逻辑覆盖

白盒测试主要考虑测试用例对程序内部逻辑的覆盖程度。白盒法理想的做法是覆盖程序中的每一条路径，但是一般情况下，要执行每一条路径是不现实的，因此希望覆盖的程度尽可能高些。测试覆盖率可以表示出测试的充分性，在测试分析报告中可以作为量化指标的依据，测试覆盖率越高效果越好。

2.1.1 测试覆盖率

测试覆盖率包括功能点覆盖率和逻辑覆盖率。功能点覆盖率用于表示软件已经实现的功能与软件需要实现的功能之间的比例关系，逻辑覆盖率也被称为代码覆盖率或结构化覆盖率，是测试技术有效性的度量，通常计算方式为至少被执行一次的条目数占整个条目数的百分比。

2.1.2 覆盖标准

白盒测试根据内部逻辑的执行情况，分为语句覆盖、判定覆盖、条件覆盖、判定/条件覆盖、条件组合覆盖、路径覆盖。

语句覆盖中，每条语句至少执行一次。判定覆盖中，每个判定的每个分支至少执行一次。条件覆盖中，每个判定的每个条件应取到各种可能的值。判定/条件覆盖同时满足判定覆盖条件覆盖。条件组合覆盖中，每个判定中各条件的每一种组合

至少出现一次。路径覆盖使程序中每一条可能的路径至少执行
一次。以下面的代码为例子，讲解不同的覆盖标准下如何设计
测试用例。

```
intlogicExample( int x, int y)
{
    int magic = 0;
    if( x>0 && y>0)
    {
        magic = x+y+10; // 语句块 1
    }
    else
    {
        magic = x+y-10; // 语句块 2
    }

    if( magic<0)
    {
        magic = 0; // 语句块 3
    }
    return magic; // 语句块 4
}
```

白盒测试根据流程图来设计测试用例和编写测试代码，要根
据源代码画出流程图，流程图如 2-1 所示。

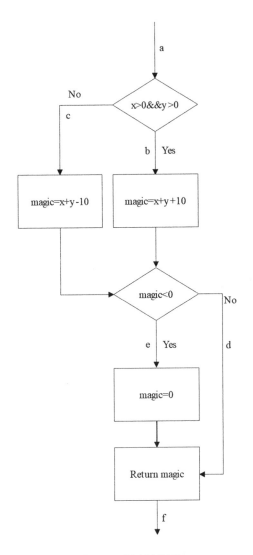

图 2-1 程序流程图

1. 语句覆盖

设计足够多的测试用例，使得被测试程序中的每条可执行语句至少被执行一次。在本例中，可执行语句是指语句块 1 到语句块 4 中的语句。

{x=3，y=3}，执行到语句块 1 和语句块 4，所走的路径是 a-b-d-f。

{x=-3，y=0}，执行到语句块 2、语句块 3 和语句块 4，所走的路径是 a-c-e-f。

通过两个测试用例即达到了语句覆盖的标准，当然，测试用例并不是唯一的。

假设第一个判断语句 if（x>0 && y>0）中的 && 被程序员错误地写成了‖，即 if（x>0 ‖ y>0），使用上面设计出来的一组测试用例来进行测试，仍然可以达到 100%的语句覆盖，所以语句覆盖无法发现上述的逻辑错误。

在六种逻辑覆盖标准中，语句覆盖标准是最弱的。

2. 判断覆盖（分支覆盖）

设计足够多的测试用例，使得被测试程序中的每个判断的真和假分支至少被执行一次。在本例中共有两个判断 if(x>0 && y>0)（记为 P1）和 if(magic<0)（记为 P2）。

数据	P1	P2	路径
{x=3，y=3}	T	F	a-b-d-f
{x=-3，y=0}	F	T	a-c-e-f

两个判断的取真、假分支都已经被执行过，所以满足了判断覆盖的标准。

假设第一个判断语句 if(x>0 && y>0) 中的 && 被程序员错误地写成了‖，即 if(x>0 ‖ y>0)，使用上面设计出来的一组测试用例来进行测试，仍然可以达到 100% 的判定覆盖，所以判定覆盖也无法发现上述的逻辑错误。

和语句覆盖相比，判定覆盖的可执行语句要不就在判定的真分支，要不就在假分支上。所以，只要满足了判定覆盖标准就一定满足语句覆盖标准；反之则不然。因此，判定覆盖比语句覆盖更强。

3. 条件覆盖

设计足够多的测试用例，使得被测试程序中的每个判断语句中的每个逻辑条件的可能值至少被满足一次。

也可以描述成：

设计足够多的测试用例，使得被测试程序中的每个逻辑条件的可能值至少被满足一次。

在本例中有两个判断 if（x>0 && y>0）（记为 P1）和 if（magic<0）（记为 P2），共计三个条件 x>0（记为 C1）、y>0（记为 C2）和 magic<0（记为 C3）。

测试用例：数据　　　　　C1 C2 C3 P1 P2 路径
　　　　　　　　{x＝3，y＝3}　T　T　T　T　F　a-b-d-f
　　　　　　　　{x＝-3，y＝0}　F　F　F　F　T　a-c-e-f

三个条件的各种可能取值都满足了一次，因此达到了 100% 条件覆盖的标准。上面的测试用例同时也到达了 100% 判定覆盖的标准，但并不能保证达到 100% 条件覆盖标准的测试用例（组）都能达到 100% 的判定覆盖标准，看下面的例子：

数据　　　　　　C1 C2 C3 P1 P2 路径
{x＝3，y＝0}　　T　F　T　F　F　a-c-e-f

{x=-3, y=5}　　F　T　F　F　F　a-c-e-f

既然条件覆盖标准不能 100% 达到判定覆盖的标准，也就不一定能够达到 100% 的语句覆盖标准了。

4. 判定-条件覆盖（分支-条件覆盖）

设计足够多的测试用例，使得被测试程序中的每个判断本身的判定结果（真假）至少满足一次，同时，每个逻辑条件的可能值也至少被满足一次。即同时满足 100% 判定覆盖和 100% 条件覆盖的标准。

测试用例：

数据　　　　　　C1 C2 C3 P1 P2 路径

{x=3, y=3}　　　T　T　T　T　F　a-b-d-f

{x=-3, y=0}　　F　F　F　F　T　a-c-e-f

所有条件的可能取值都满足了一次，而且所有的判断本身的判定结果也都满足了一次。达到 100% 判定-条件覆盖标准一定能够达到 100% 条件覆盖、100% 判定覆盖和 100% 语句覆盖。

5. 条件组合覆盖

设计足够多的测试用例，使得被测试程序中的每个判断的所有可能条件取值的组合至少被满足一次，注意以下几点。

（1）条件组合只针对同一个判断语句内存在多个条件的情况，让这些条件的取值进行笛卡尔乘积组合。

（2）不同的判断语句内的条件取值之间无须组合。

（3）对于单条件的判断语句，只需要满足自己的所有取值即可。

测试用例：

数据	C1 C2 C3 P1 P2	路径
{x=-3, y=0}	F F F F F	a-c-e-f
{x=-3, y=2}	F T F F F	a-c-e-f
{x=-3, y=0}	T F F F F	a-c-e-f
{x=3, y=3}	T T T T T	a-b-d-f

C1 和 C2 处于同一判断语句中，它们的所有取值的组合都被满足了一次。

100% 满足条件组合标准一定满足 100% 条件覆盖标准和 100% 判定覆盖标准。但上面的例子中，只走了两条路径 a-c-e-f 和 a-b-d-f，而本例的程序存在三条路径 a-b-d-f/a-c-d-f/a-c-e-f，还有一条路径是 a-b-e-f，是不可能覆盖的路径。

6. 路径覆盖

设计足够多的测试用例，使得被测试程序中的每条路径至少被覆盖一次。

测试用例：

数据	C1 C2 C3 P1 P2	路径
{x=3, y=5}	T T T T T	a-b-d-f
{x=0, y=12}	F T T F T	a-c-d-f
{x=-8, y=3}	F T F F F	a-c-e-f

所有可能的路径都满足过一次。

由上表可见，100% 满足路径覆盖，但并不一定能 100% 满足条件覆盖（C2 只取到了真），但一定能 100% 满足判定覆盖标准（因为路径就是从判断的某条分支走的）。六种逻辑覆盖的强弱关系可以用图 2-2 表示。

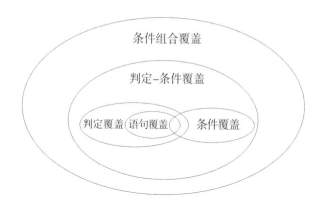

图 2-2　六种逻辑覆盖的强弱关系

2.2　控制结构测试

现有的很多白盒测试技术，根据程序的控制结构设计测试数据的技术，下面是几种常用的控制结构测试技术。

2.2.1　基本路径测试

基本路径测试法是在程序控制流图的基础上，通过分析程序结构的环路复杂性，导出可执行路径集合，从而设计测试用例的方法。设计出的测试用例要保证在测试中程序的每个可执行语句至少执行一次。程序的控制流图是描述程序控制流的一种图示方法。程序圈复杂度是 McCabe 复杂性度量，从程序的环路复杂性可导出程序基本路径集合中的独立路径条数，这是确定程序中每个可执行语句至少执行一次必需的测试用例数目的上界。根据圈复杂度和程序结构设计用例数据输入和预期结果。准备测试用例是确保基本路径集中的每一条路径的执行。图形矩阵是在基本路径测试中起辅助作用的软件工具，利用它可以实现自动地确定一个基本路径集。

程序的控制流图是描述程序控制流的一种图示方法。圆圈称为控制流图的一个节点，表示一个或多个无分支的语句或源程序语句。

流图只有两种图形符号，图中的每一个圆称为流图的节点，代表一条或多条语句。流图中的箭头称为边或连接，代表控制流。在将程序流程图简化成控制流图时，应注意，在选择或多分支结构中，分支的汇聚处应有一个汇聚节点。边和节点圈定的区域叫作区域，当对区域计数时，图形外的区域也应记为一个区域。程序流程图如图 2-3 所示。

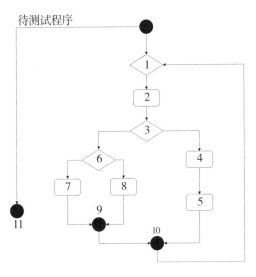

图 2-3　程序流程图

用流图表示的待测试程序如图 2-4 所示。

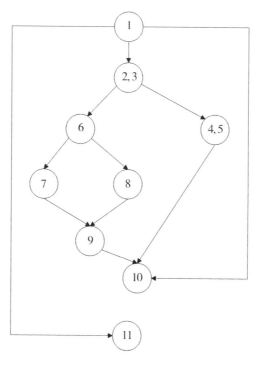

图 2-4　流图

如果判断中的条件表达式是由一个或多个逻辑运算符（OR，AND，NAND，NOR）连接的复合条件表达式，则需要改为一系列只有单条件的嵌套的判断。

例如，下面的语句：

1 if a or b

2 x

3 else

4 y

对应的逻辑如图 2-5 所示。

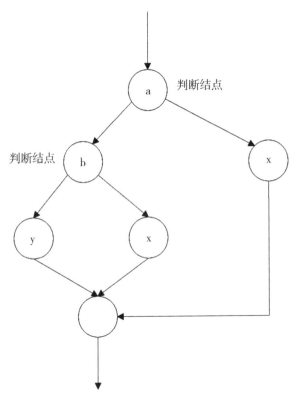

图 2-5　判定逻辑流程图

独立路径：至少沿一条新的边移动的路径，独立路径流图如图 2-6 所示。

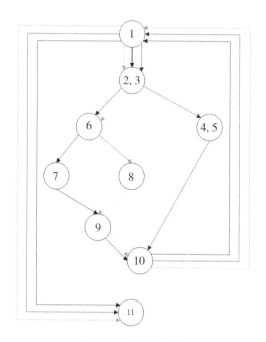

图 2-6   路径的流图

基本路径测试法的步骤如下。

第一步：画出控制流图。

流程图用来描述程序控制结构。可将流程图映射到一个相应的流图（假设流程图的菱形决定框中不包含复合条件）。在流图中，每一个圆，称为流图的节点，代表一个或多个语句。一个处理方框序列和一个菱形决策框可被映射为一个节点，流图中的箭头，称为边或连接，代表控制流，类似流程图中的箭头。一条边必须终止于一个节点，即使该节点并不代表任何语句（如 if-else-then 结构）。由边和节点限定的范围称为区域。计算区域时应包

括图外部的范围。例如，下面的 C 函数，用基本路径测试法进行测试。

Void Sort（intiRecordNum，int iType）

1. 　{
2. 　intx＝0；
3. 　inty＝0；
4. while（iRecordNum−−＞0）
5. 　{
6. 　　if（0＝ ＝iType）
7. {x＝y+2；break；}
8. 　　else
9. 　　　　if（1＝ ＝iType）
10. x＝y+10；
11. 　　　else
12. x＝y+20；
13. 　}
14. 　}

画出其程序流程图和对应的控制流图如图 2-7 和 2-8 所示。

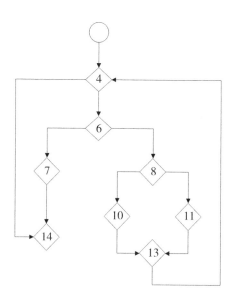

图 2-7 C 函数的程序流程图

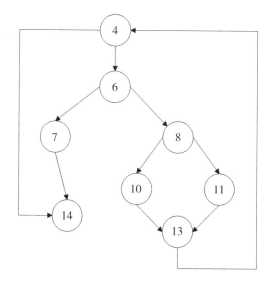

图 2-8 控制流图

第二步：计算圈复杂度。

圈复杂度是一种为程序逻辑复杂性提供定量测度的软件度量，将该度量用于计算程序的基本的独立路径数目，为确保所有语句至少执行一次的测试数量的上界。独立路径必须包含一条在定义之前不曾用到的边。有以下三种方法计算圈复杂度。流图中区域的数量对应于环形的复杂性。给定流图 G 的圈复杂度 V(G)，定义为 $V(G) = E - N + 2$，E 是流图中边的数量，N 是流图中节点的数量。给定流图 G 的圈复杂度 V(G)，定义为 $V(G) = P + 1$，P 是流图 G 中判定节点的数量。

第三步：导出测试用例。

根据上面的计算方法，可得出 4 条独立的路径（一条独立路径是指，和其他的独立路径相比，至少引入一个新处理语句或一个新判断的程序通路)。V(G) 值正好等于该程序的独立路径的条数。

路径 1：4-14

路径 2：4-6-7-14

路径 3：4-6-8-10-13-4-14

路径 4：4-6-8-11-13-4-14

根据上面的独立路径，去设计输入数据，使程序分别执行到上面 4 条路径。

第四步：准备测试用例。

为了确保基本路径集中的每一条路径的执行，根据判断节点给出的条件，选择适当的数据以保证某一条路径可以被测试到，满足上面例子基本路径集的部分测试用例如下。

路径 1：4-14，输入数据 iRecordNum = 0，或者取 iRecordNum < 0

的某一个值。预期结果 x=0。

路径 2：4-6-7-14，输入数据 iRecordNum=1，iType=0，预期结果 x=2。

路径 3：4-6-8-10-13-4-14，输入数据 iRecordNum=1，iType=1，预期结果 x=10。

一个例子中，程序流程图描述了最多输入 50 个值（以-1 作为输入结束标志），计算其中有效的学生分数的个数、总分数和平均值，流程图如 2-9 所示。

步骤 1：导出过程的流图，如图 2-10 所示。

步骤 2：确定环形复杂性度量 V（G）。

V（G）=6（个区域）。V（G）=E-N+2=16-12+2=6。其中，E 为流图中的边数，N 为节点数。V（G）=P+1=5+1=6。其中，P 为谓词节点的个数。在流图中，节点 2、3、5、6、9 是谓词节点。

步骤 3：确定基本路径集合（独立路径集合）。于是可确定 6 条独立的路径：

路径 1：1-2-9-10-12

路径 2：1-2-9-11-12

路径 3：1-2-3-9-10-12

路径 4：1-2-3-4-5-8-2…

路径 5：1-2-3-4-5-6-8-2…

路径 6：1-2-3-4-5-6-7-8-2…

步骤 4：为每一条独立路径各设计一组测试用例，以便强迫程序沿着该路径至少执行一次。

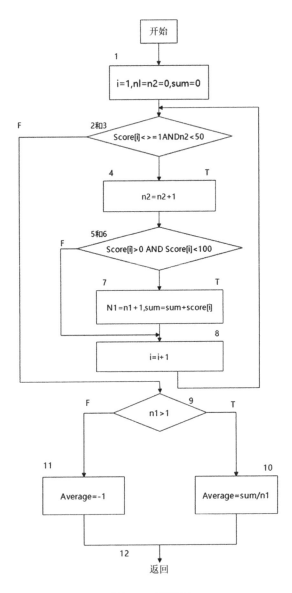

图 2-9　流程图

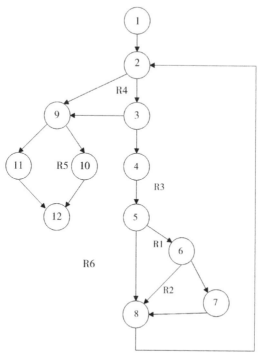

图 2-10 流图

路径 1（1-2-9-10-12）的测试用例：

score［k］=有效分数值，当 k<i；

score=-1，2≤i≤50；

期望结果：根据输入的有效分数算出正确的分数个数 n1、总分 sum 和平均分 average。

路径 2（1-2-9-11-12）的测试用例：

score［1］=-1；

期望的结果：average =-1，其他量保持初值。

路径 3（1-2-3-9-10-12）的测试用例：

输入多于 50 个有效分数, 即试图处理 51 个分数, 要求前 51 个为有效分数;

期望结果: n1 = 50 且算出正确的总分和平均分。

路径 4 (1-2-3-4-5-8-2…) 的测试用例:

score = 有效分数, 当 i<50;

score [k] <0, k<i;

期望结果: 根据输入的有效分数算出正确的分数个数 n1、总分 sum 和平均分 average。

路径 5 的测试用例:

score = 有效分数, 当 i<50;

score [k] >100, k<i;

期望结果: 根据输入的有效分数算出正确的分数个数 n1、总分 sum 和平均分 average。

路径 6 (1-2-3-4-5-6-7-8-2…) 的测试用例:

score = 有效分数, 当 i<50;

期望结果: 根据输入的有效分数算出正确的分数个数 n1、总分 sum 和平均分 average。

必须注意, 一些独立的路径, 往往不是完全孤立的, 有时它是程序正常的控制流的一部分, 这时, 这些路径的测试可以是另一条路径测试的一部分。

导出控制流图和决定基本测试路径的过程均需要机械化, 为了开发辅助基本路径测试的软件工具, 称为图形矩阵 (graph matrix) 的数据结构很有用。利用图形矩阵可以实现自动地确定一个基本路径集。一个图形矩阵是一个方阵, 其行/列数控制流图中的节点数，每行和每列依次对应到一个被标识的节点，矩阵元素对应到节点间的连接（边）。在图中，控制流图的每一个节点都用数字加以标识，每一条边都用字母加以标识。如果在控制流图中第 i 个节点到第 j 个节点有一个名为 x 的边相连接，则在对应的图形矩阵中第 i 行/第 j 列有一个非空的元素 x。

对每个矩阵项加入连接权值（link weight），图矩阵就可以用于在测试中评估程序的控制结构，连接权值为控制流提供了另外的信息。最简单情况下，连接权值是 1（存在连接）或 0（不存在连接），但是，连接权值可以赋予更有趣的属性，包括执行连接（边）的概率，穿越连接的处理时间，穿越连接时所需的内存，穿越连接时所需的资源。

根据上面的方法对图 2-11 的流图，画出图形矩阵如表 2-1 所示。

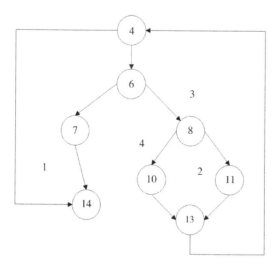

图 2-11　流图

表 2-1　图形矩阵

节点	4	6	7	8	10	11	13	14
4		1						1
6			1	1				
7								1
8					1	1		
10							1	
11							1	
13	1							
14								

连接权为 1 表示存在一个连接，在图中如果一行有两个或更多的元素 1，则这行所代表的节点一定是一个判定节点，通过连接矩阵中有两个以上（包括两个）元素为 1 的个数，就可以得到确定该图圈复杂度的另一种算法。

前面所述的基本路径测试技术是控制结构测试技术之一。尽管基本路径测试简单高效，但是，其本身并不充分。下面讨论控制结构测试的其他变种，这些测试覆盖并提高了白盒测试的质量。包括：条件测试、数据流测试、循环测试。

2.2.2　条件测试

条件测试方法注重测试程序中的条件，是检查程序模块中所包含逻辑条件的测试用例设计方法。程序中的条件分为简单条件和复合条件。

简单条件是一个布尔变量或一个可能带有 NOT（"！"）操作

符的关系表达式。关系表达式的形式如 E1<关系操作符>E2。其中，E1 和 E2 是算术表达式，而<关系操作符>是下列之一：

"<"" ≤ "" = "" ≠ ""！ = "">"" ≥ "。

复合条件由简单条件通过逻辑运算符（AND、OR、NOT）和括号连接而成，不含关系表达式的条件称为布尔表达式。所以条件的成分类型包括布尔变量、关系操作符或算术表达式、逻辑运算符等。

如条件不正确，则至少有一个条件成分不正确，条件的错误类型包括布尔变量错误、关系操作符错误、算术表达式错误、逻辑运算符错误（遗漏，多余或不正确）等。

条件测试是测试程序条件错误和程序的其他错误。如果程序的测试集能够有效地检测程序中的条件错误，则该测试集可能也会有效地检测程序中的其他错误。此外，如果测试策略对检测条件错误有效，则它也可能有效地检测程序错误。条件测试策略包括穷举测试（条件组合）、分支测试、域测试等。穷举测试有 n 个变量的布尔表达式需要 2n 个可能的测试（n>0）。这种策略可以发现布尔操作符、变量错误，但是只有在 n 很小时实用。分支测试可能是最简单的条件测试策略，它是真假分支必须至少执行一次的路径策略，对于复合条件 C，C 的真分支和假分支以及 C 中的每个简单条件都需要至少执行一次。域测试是对于大于、小于和等于值的测试策略。域测试要求从有理表达式中导出三个或四个测试用例，有理表达式的形式如 E1<关系操作符>E2，需要三个测试分别用于计算 E1 的值是大于、等于或小于 E2 的值。如果<关系操作符>错误，而 E1 和 E2 正确，则这三个测试能够发

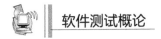

现关系算子的错误。为了发现 E1 和 E2 的错误，计算 E1 小于或大于 E2 的测试应使两个值间的差别尽可能小。

2.2.3 数据流测试

数据流测试方法按照程序中的变量定义和使用来选择程序的测试路径，以发现数据处理异常。如没有初始化、定义变量；变量被定义但没有使用；变量在使用前被定义多次；变量在使用时失效等。这些应通过测试用例来覆盖。

数据流测试方法不再详细介绍，下面介绍一类似的数据流分析方法。

此方法在程序代码经过的路径上检查数据的用法，以期发现异常（不一定会导致软件失效）。

三种变量状态定义：

已定义的(d)：变量已赋值；

引用的(r)：访问变量；

没有定义的(u)：变量没有定义具体的值。

数据流异常的三种情况：

ur 异常：程序路径(r)上访问了没有定义(u)的变量；

du 异常：变量已赋值(d)，但此变量已无效或未定义(u)，同时未被引用；

Dd 异常：变量接受了第二个值(d)，同时第一个值没被使用。

例如，下面函数的功能是：如 x<y，则交换 x，y。

```
void exchange(int &x, int &y)
{int t;
```

if（x<y）

｛y＝t；

y－x；

t＝x；

｝

｝

变量 t 的 ur 异常：t 未赋初值（初始化）就被使用。

变量 y 的 dd 异常：yy 连续使用了二次。第一次可忽略。

变量 t 的 du 异常：最后一句，t 被赋了任何地方都不能用的值。

2.2.4　循环测试

循环测试是一种白盒测试技术，注重循环构造的有效性。有
四种循环，分别是简单循环和串接循环、嵌套循环和不规则循
环，如图 2-12 和图 2-13 所示。

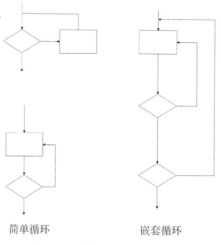

简单循环　　　　　　　　　嵌套循环

图 2-12　简单循环和嵌套循环

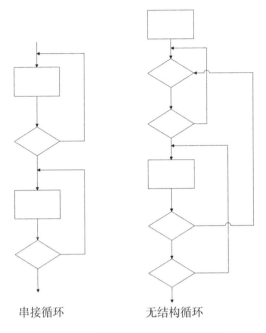

串接循环　　　　　　　无结构循环

图 2-13　串接循环和无结构循环图

1. 简单循环

对于简单循环，测试应包括以下几种。其中的 n 表示循环允许的最大次数。

零次循环从循环入口直接跳到循环出口。一次循环查找循环初始值方面的错误。二次循环检查在多次循环时才能暴露的错误。m 次循环，此时的 $m<n$，也是检查在多次循环时才能暴露的错误。n（最大）次数循环、n+1（比最大次数多 1）次的循环、n-1（比最大次数少 1）次的循环。

2. 嵌套循环

对于嵌套循环，不能将简单循环的测试方法扩大到嵌套循环，因为可能的测试数目将随嵌套层次的增加呈几何级数增长。下面是一种有助于减少测试数目的测试方法。从最内层循环开始，设置所有其他层的循环为最小值。对最内层循环做简单循环的全部测试。测试时保持所有外层循环的循环变量为最小值。另外，对越界值和非法值做类似的测试。逐步外推，对其外面一层循环进行测试。测试时保持所有外层循环的循环变量取最小值，所有其他嵌套内层循环的循环变量取典型值。反复进行，直到所有各层循环测试完毕。对全部各层循环同时取最小循环次数，或者同时取最大循环次数。对于后一种测试，由于测试量太大，需人为指定最大循环次数。

3. 串接循环

对于串接循环，要区别两种情况：如果各个循环互相独立，则串接循环可以用与简单循环相同的方法进行测试；如果有两个循环处于串接状态，而前一个循环的循环变量的值是后一个循环的初值，几个循环不是互相独立的，则需要使用测试嵌套循环的办法来处理。

4. 非结构循环

对于非结构循环，不能测试，应重新设计循环结构，使之成为其他循环方式，然后再进行测试。

2.2.5　其他程序结构的测试方法

1. 域测试

针对域错误，对输入空间进行分析，选择适当的测试点，检验输入空间中的每个输入是否产生正确的结果。假设限制过多，难以运用到实际中。

2. 符号测试

另辟蹊径解决测试用例选择问题。基于代数运算执行测试，是测试和验证的折中方法。

3. 程序插装

借助往被测程序中插入操作来实现测试目的的方法。

4. 程序变异

是一种错误驱动测试，针对某类特定程序错误实现测试。包括程序强变异和程序弱变异。

2.3 三角形案例

2.3.1 核心程序代码

```
/ * *
* 判断三角形的种类。参数 a，b，c 分别为三角形的三边
* 返回的参数值为 0，表示非三角形
* 为 1，表示普通三角形
* 为 2，表示等腰三角形
* 为 3，表示等边三角形
*
*/
```

```java
public class TriangTestMethod {
    public static int confirm(int a, int b, int c){
        if((a+b>c) && (b+c>a) && (a+c>b)){   //判断为三角形
        if((a==b) && (b==c))   //判断为等边三角形
            return 3;
        if((a==b) || (b==c) || (a==c))//判断为等腰三角形
            return 2;
        else     //判断为普通三角形
            return 1;
        } else {
            return 0;//判断为非三角形
        }
    }
}
```

2.3.2　程序流程图

三角形案例的程序流程图如 2-14 所示。

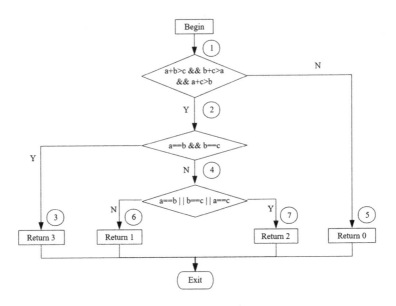

图 2-14 三角形案例流程图

2.3.3 测试用例

语句覆盖测试用例、判定覆盖测试用例分别如表 2-2 和表 2-3 所示。

表 2-2 语句覆盖测试用例

几种情况	输入	期望输出	覆盖对象	测试结果
Case1	a=1, b=2, c=3	0	①⑤	0
Case2	a=3, b=4, c=5	1	①②④⑥	1
Case3	a=3, b=3, c=4	2	①②④⑦	2
Case4	a=3, b=4, c=5	3	①②③	3

表 2-3 判定覆盖测试用例

几种情况	输入	期望输出	覆盖对象	测试结果
Case11	a = 1，b = 2，c = 3	0	①⑤	0
Case12	a = 3，b = 4，c = 5	1	①②④⑥	1
Case13	a = 3，b = 3，c = 4	2	①②④⑦	2
Case14	a = 3，b = 4，c = 5	3	①②③	3

第3章　黑盒测试

　　黑盒测试通过测试来检测每个功能是否都能正常使用，把程序看成一个黑盒子，完全不考虑程序内部结构。黑盒测试只检查程序功能按照需求说明书的规定能否正常使用，程序是否能适当地接收输入数据从而产生正确的输出信息，主要针对软件界面和软件功能进行测试。

　　黑盒测试注重测试软件的功能性需求，不是白盒测试的替代品，而是用于辅助白盒测试发现其他类型的错误，黑盒测试试图发现并改正功能错误或遗漏、界面错误、外部数据库访问错误、性能错误、初始化和终止错误等。采用黑盒技术设计测试用例的方法有等价类划分、边界值分析、错误推测、因果图和决策表方法等。

3.1　等价类分析

　　等价类是指某个输入域的子集合，在该子集合中，各个输入数据对于发现程序中的错误都是等效的，测试某等价类的代表值就等于对这一类其他值的测试。因此，可以把全部输入数据合理划分为若干等价类，在每一个等价类中取一个数据作为测试的输入条件，进而用少量代表性的测试数据取得较好的测试结果。等价类可划分为有效等价类和无效等价类。

有效等价类是指对于程序的规格说明来说是合理、有意义的输入数据构成的集合。利用有效等价类可检验程序是否实现了规格说明所规定的功能和性能。无效等价类与有效等价类的定义恰恰相反。

设计测试用例时，要同时考虑这两种等价类。因为软件不仅要能接收合理的数据，也要能经受意外的考验，这样的测试才能确保软件具有更高的可靠性。

3.1.1　等价类划分

下面给出六条确定等价类的原则，这些规则虽然都是针对输入数据设计的，但是其中绝大部分也同样适用于输出数据。

（1）在输入条件规定了取值范围或值的个数的情况下，则可以确立一个有效等价类和两个无效等价类。例如，每个学生可选修 1—3 门课程。可以划分一个有效等价类，即选修 1—3 门课程。可以划分两个无效等价类，即未选修课和选修课超过 3 门。

（2）在输入条件规定了输入值的集合或者规定了"必须如何"的条件的情况下，可确立一个有效等价类和一个无效等价类。例如，标识符的第一个字符必须是字母。可以划分为一个有效等价类，即第一个字符是字母。可以划分一个无效等价类，即第一个字符不是字母。

（3）在输入条件是一个布尔量的情况下，可确定一个有效等价类和一个无效等价类。

（4）在规定了输入数据的一组值，假定 n 个，并且程序要对每一个输入值分别处理的情况下，可确立 n 个有效等价类和一个无效等价类。输入条件说明学历可为专科、本科、硕士、博士四种之一，则分别取这四个值作为四个有效等价类，另外把四种学历之外的任何学历作为无效等价类。

（5）在规定了输入数据必须遵守的规则的情况下，可确立一个有效等价类（符合规则）和若干个无效等价类（从不同角度违反规则）。

（6）在确知已划分的等价类中各元素在程序处理中的方式不同的情况下，则应再将该等价类进一步地划分为更小的等价类。

3.1.2　设计测试用例

在确立了等价类后，可建立等价类表，列出所有划分出的等价类，然后从划分出的等价类中按以下三个原则设计测试用例。

（1）为每一个等价类规定一个唯一的编号。

（2）设计一个新的测试用例，使其尽可能多地覆盖尚未被覆盖的有效等价类，重复这一步，直到所有的有效等价类都被覆盖为止。

（3）设计一个新的测试用例，使其仅覆盖一个尚未被覆盖的无效等价类，重复这一步，直到所有的无效等价类都被覆盖为止。

3.1.3 三角形案例

根据输出确定以下有效等价类。

（1）$a = b = c$，a，b，$c \in [1, 50]$，输出等边三角形。

（2）$a = b$，$b \neq c$，a，b，$c \in [1, 50]$，输出等腰三角形。

（3）$a \neq b \neq c$，a，b，$c \in [1, 50]$，输出不等边三角形。

在 a，b，$c \in [1, 50]$ 条件下，根据两边之和大于第三边确定以下无效等价类。

（4）$a > b + c$，输出不构成三角形。

（5）$a = b + c$，输出不构成三角形。

（6）$b > a + c$，输出不构成三角形。

（7）$b = a + c$，输出不构成三角形。

（8）$c > a + b$，输出不构成三角形。

（9）$c = a + b$，输出不构成三角形。

根据输入变量的无效情况确定如下无效等价类。

（10）$a < 1$，a 值不在有效取值范围内。

（11）$a > 50$，a 值不在有效取值范围内。

（12）$b < 1$，b 值不在有效取值范围内。

（13）$b > 50$，b 值不在有效取值范围内。

（14）$c < 1$，c 值不在有效取值范围内。

（15）$c > 50$，c 值不在有效取值范围内。

（16）$a < 1$，$b < 1$，a、b 值不在有效取值范围内。

（17）$b < 1$，$c < 1$，b、c 值不在有效取值范围内。

（18）$c < 1$，$a < 1$，a、c 值不在有效取值范围内。

（19）$a > 50, b > 50$，a、b 值不在有效取值范围内。

（20）$b > 50, c > 50$，b、c 值不在有效取值范围内。

（21）$a > 50, c > 50$，a、c 值不在有效取值范围内。

（22）$a < 1, b < 1, c < 1$，a、b、c 值不在有效取值范围内。

（23）$a > 50, b > 50, c > 50$，a、b、c 值不在有效取值范围内。

该案例的测试用例设计如表 3-1 所示。

表 3-1　测试用例

编号	a	b	c	预期输出
（1）	6	6	6	等边三角形
（2）	6	6	4	等腰三角形
（3）	3	4	5	不等边三角形
（4）	6	4	1	不构成三角形
（5）	6	4	2	不构成三角形
（6）	4	6	1	不构成三角形
（7）	4	6	2	不构成三角形
（8）	4	1	6	不构成三角形
（9）	4	2	6	不构成三角形
（10）	−1	6	6	a 取值无效
（11）	51	6	6	a 取值无效
（12）	6	−1	6	b 取值无效
（13）	6	51	6	b 取值无效
（14）	6	6	−1	c 取值无效
（15）	6	6	51	c 取值无效
（16）	−1	−1	6	a, b 取值无效

续表

编号	a	b	c	预期输出
（17）	6	−1	−1	b，c 取值无效
（18）	−1	6	−1	a，c 取值无效
（19）	51	51	6	a，b 取值无效
（20）	6	51	51	b，c 取值无效
（21）	51	6	51	a，c 取值无效
（22）	−1	−1	−1	a，b，c 取值无效
（23）	51	51	51	a，b，c 取值无效

3.2 边界值分析

边界值分析方法是对等价类划分方法的补充。大量的错误是发生在输入或输出范围的边界上，而不是发生在输入输出范围的内部。因此针对各种边界情况设计测试用例，可以查出更多的错误。

3.2.1 边界值分析

使用边界值分析方法设计测试用例，首先应确定边界情况。通常输入和输出等价类的边界，就是应着重测试的边界情况。应当选取正好等于、刚刚大于或刚刚小于边界的值作为测试数据，而不是选取等价类中的典型值或任意值作为测试数据。基于边界值分析方法选择测试用例的原则如下。

原则 1：如果输入条件规定了值的范围，则应取刚达到这个范围的边界的值以及刚刚超越这个范围边界的值作为测试输入数据。例如，输入值的范围是 -1.0 至 1.0，则可选择用例 -1.0、1.0、-1.001、1.001。

原则 2：如果输入条件规定了值的个数，则用最大个数、最小个数、比最小个数少 1、比最大个数多 1 的数作为测试数据。例如，输入文件可有 1—255 个记录，则设计用例为文件的记录数为 0 个、1 个、255 个、256 个。

原则 3：根据规格说明的每个输出条件，使用前面的原则 1。

原则 4：根据规格说明的每个输出条件，应用前面的原则 2。例如，检索文献摘要，最多 4 篇。设计用例为，可检索 0 篇、1 篇、4 篇，和 5 篇（错误）。

原则 5：如果程序的规格说明给出的输入域或输出域是有序集合，则应选取集合的第一个元素和最后一个元素作为测试用例。

原则 6：如果程序中使用了一个内部数据结构，则应当选择这个内部数据结构的边界值作为测试用例。

原则 7：分析规格说明，找出其他可能的边界条件。

3.2.2 案例分析

以三角形问题的边界值分析为例，三角形的边除了是整数外，没有其他条件，假设每边取值范围为 [1, 50]，表 3-2 给出了使用值域产生的边界值测试用例。

表 3-2　使用值域产生的边界值测试用例

用例编号	a	b	c	预期输出
1	25	25	1	等腰三角形
2	25	25	2	等腰三角形
3	25	25	25	等边三角形
4	25	25	49	等腰三角形
5	25	25	50	非三角形
6	25	1	25	等腰三角形
7	25	2	25	等腰三角形
8	25	25	25	等边三角形
9	25	49	25	等腰三角形
10	25	50	25	非三角形
11	1	25	25	等腰三角形
12	2	25	25	等腰三角形
13	25	25	25	等边三角形
14	49	25	25	等腰三角形
15	50	25	25	非三角形

　　边界值分析采用了单缺陷理论，考虑的是每个变量的边界，包括最小值、稍高于最小值、正常值、稍低于最大值、最大值五元素集合。如果出现了多变量，需要对这些集合进行笛卡尔乘积计算生成测试用例，这种情况称为最坏情况测试。最坏情况测试更加彻底，边界值分析测试用例是最坏情况测试用例的真子集。

3.3　错误推测法

错误推测法是基于经验和直觉，推测程序中所有可能存在的各种错误，从而针对性地设计测试用例的方法。

错误推测方法的基本思想是列举出程序中所有可能的错误和容易发生错误的特殊情况，根据他们选择测试用例。例如，在单元测试时曾列出的许多在模块中常见的错误、以前产品测试中曾经发现的错误、输入数据和输出数据为 0 的情况、输入表格为空格或输入表格只有一行等，可选择这些情况下的例子作为测试用例。

3.4　决策表方法

决策表（Decision Table）是分析和表达多逻辑条件下执行不同操作的工具。它可以把复杂的逻辑关系和多种条件组合的情况表达得既具体又明确。

3.4.1　决策表

决策表通常由四个部分组成，分别是条件桩、动作桩、条件项、动作项。条件桩（Condition Stub）列出了问题的所有条件，通常认为列出的条件的次序无关紧要。动作桩（Action Stub）列出了问题规定可能采取的操作，这些操作的排列顺序没有约束。条件项（Condition Entry）列出针对它左列条件的取值，在所有可能情况下的真假值。动作项（Action Entry）列出在条件项的各种取值情况下应该采取的动作。

决策表的建立步骤如下。

（1）列出所有的条件桩和动作桩。

（2）填入条件项。

（3）填入动作项。

（4）简化，合并相似规则。

3.4.2　案例分析

以三角形问题为例，为其建立的决策表如表 3-3 所示。

表 3-3　三角形问题决策表

a<c+b	F	T	T	T	T	T	T	T	T	T	T
b<a+c		F	T	T	T	T	T	T	T	T	T
c<a+b			F	T	T	T	T	T	T	T	T
a=b				T	T	T	T	F	F	F	F
a=c				T	T	F	F	T	T	F	F
b=c				T	F	T	F	T	F	T	F
非三角形	X	X	X								
不等边三角形											X
等腰三角形							X		X	X	
等边三角形				X							
不可能					X	X		X			

为其设计的测试用例如表 3-4 所示。

表 3-4　三角形测试用例表

用例编号	输入数据 a	输入数据 b	输入数据 c	预期输出
1	5	3	1	非三角形
2	3	5	1	非三角形
3	3	1	5	非三角形
4	8	8	8	等边三角形
5	*	*	*	不可能
6	*	*	*	不可能
7	6	6	9	等腰三角形
8	*	*	*	不可能
9	6	9	6	等腰三角形
10	9	6	6	等腰三角形
11	3	4	5	不等边三角形

第4章　集成测试

测试过程应采用综合策略，即先做静态分析，再做动态测试，并事先制定测试计划。测试过程通常可分为单元测试、集成测试、系统测试、验收测试等。单元测试是对软件基本组成单元进行的测试，是在与程序的其他部分隔离的情况下进行的独立测试。集成测试主要关注的问题是模块间的数据传递是否正确、一个模块的功能是否会对另一个模块的功能产生错误的影响、全局数据结构是否有问题，是否被异常修改、模块组合起来的功能是否满足需求等。

4.1　集成测试概念及原则

集成测试也叫组装测试或联合测试，是测试和组装软件的系统化技术，是在假定各个软件单元通过了单元测试的前提下，检查各个软件单元之间的接口是否正确。集成测试是在单元测试的基础上，将所有模块按照设计要求组装成为子系统或系统，进行测试。一些模块能够单独地工作，但并不能保证连接起来也能正常地工作。程序在某些局部反映不出来的问题，在全局上很可能暴露出来。集成测试的内容包括单元间的接口以及集成后的功能。一般情况下，集成测试采用的是黑盒测试用例设计的方法，但随着软件复杂度的增加，尤其是在大型的应用软件中，常常会使用白盒测试与黑盒测试结合起来进行测试用例的设计，因此有越来越多的学者把集成测试归结为灰盒测试。

集成测试的主要目的是发现单元之间接口的错误以及发现集成后的软件同软件概要设计说明书不一致的地方，以确保各个单元模块组合在一起后，能够达到软件概要设计说明的要求，协调一致地工作。集成测试工作更多的是站在开发人员的角度上，以便发现更多的问题。

集成测试的原则是测试关键模块、测试所有的公共接口、应该尽量早开始并以概要设计为基础、选择集成策略应综合考虑质量、成本和进度之间的关系。

4.2 集成测试策略

由模块组装程序时有两种方法，一种是先充分测试每个模块，再把所有模块按设计要求放在一起结合成所要的程序，这种方法称为非渐增式集成（大棒集成）；另外一种是把下一个要测试的模块同已经测试好的那些模块结合来进行测试，测试完成以后再把下一个应该测试的模块结合起来进行测试。这种每次增加一个模块的方法称为渐增式集成，这种方法实际上同时完成单元测试和集成测试。对两个以上模块进行集成时，需要考虑这些模块和上下层模块之间的联系，为了模拟这些联系，需要设置驱动模块和桩模块。驱动模块模拟待测模块的上级模块，在集成测试中接收测试数据，把相关的数据传送给待测模块，启动待测模块，并打印出相应的结果。桩模块也称为存根程序，用以模拟待测模块工作过程中所调用的模块。桩模块由待测模块调用，它们一般只进行很少的数据处理。例如，打印入口和返回，以便检测待测模块与其下级模块的接口。

4.2.1　非渐增式集成

非渐增式集成方法首先对每个子模块进行测试，即单元测试，然后把所有模块全部集成起来一次性进行集成测试，如图4-1所示。

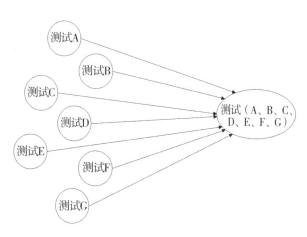

图 4-1　非渐增式集成

渐增式集成与"一步到位"的非渐增式集成相反，它把程序划分成小段来构造和测试，在这个过程中比较容易定位和改正错误；对接口可以进行更彻底的测试；可以使用系统化的测试方法。目前使用的渐增式集成测试方法主要有自底向上集成、自顶向下集成、三明治方式、核心系统先行、高频集成等集成测试策略。

4.2.2　自底向上策略

自底向上的集成方式是最常使用的方法。其他集成方法都或多或少地继承、吸收了这种集成方式的思想。自底向上集成方式从程序模块结构中最底层的模块开始组装和测试。因为模块是自底向上进行组装的，对于一个给定层次的模块，它的子模块（包括子模块的所有下属模块）事前已经完成组装并经过测试，所以不再需要编制桩模块。自底向上集成测试的步骤如下。

步骤一：按照概要设计规格说明，明确有哪些被测模块。在熟悉被测模块性质的基础上对被测模块进行分层，在同一层次上的测试可以并行进行，然后排出测试活动的先后关系，制定测试进度计划，这一阶段往往需要程序结构图，一个典型的程序结构图如图 4-2 所示。

步骤二：在步骤一的基础上，按时间线序关系，将软件单元集成为模块，并测试在集成过程中出现的问题。可能需要测试人员开发一些驱动模块来驱动集成活动中形成的被测模块。对于比较大的模块，可以先将其中的某几个软件单元集成为子模块，然后再集成为一个较大的模块。

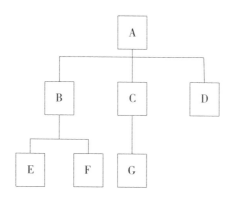

图4-2 程序结构图实例

步骤三：将各软件模块集成为子系统或分系统。检测各自子系统是否能正常工作。同样，可能需要测试人员开发少量的驱动模块来驱动被测子系统。

步骤四：将各子系统集成为最终用户系统，测试是否存在各分系统能否在最终用户系统中正常工作。

本书以具有五个模块的软件结构为例，详细讲解自底向上集成测试策略，该案例的软件结构如图4-3所示。

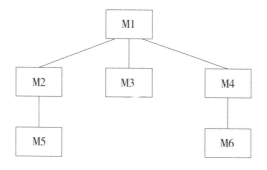

图4-3 案例使用的程序结构图

第一步，对最底层的模块 M3、M5、M6 进行测试，设计驱动模块 D1、D2、D3 来模拟调用，如图 4-4 所示。

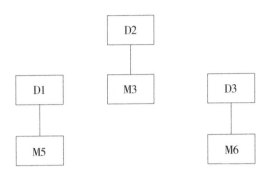

图 4-4　设计驱动模块

第二步，用实际模块 M2、M1 和 M4 替换驱动模块 D1、D2、D3，如图 4-5 所示。

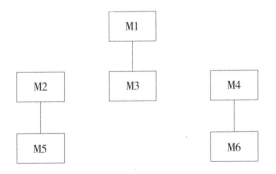

图 4-5　代替驱动模块

第三步，设计驱动模块 D4、D5 和 D6 模拟调用，分别对新子系统进行测试，如图 4-6、4-7 所示。

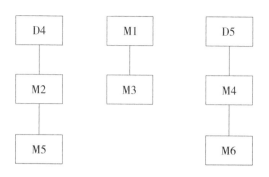

图 4-6　设计其他驱动模块

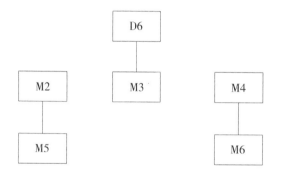

图 4-7　设计 D6 驱动模块

　　第四步，把已测试的子系统按程序结构连接起来完成程序整体的组装测试。

　　自底向上的集成测试是工程实践中最常用的测试方法，相关技术也较为成熟。它的优点很明显，管理方便，测试人员能较好地锁定软件故障所在位置。但它对于某些开发模式不适用，如使用 XP 开发方法，它会要求测试人员在全部软件单元实现之前完成核心软件部件的集成测试。尽管如此，自底向上的集成测试方

法仍不失为一个可供参考的集成测试方案。

4.2.3　自顶向下策略

自顶向下集成方式是一个递增的组装软件结构的方法。从主控模块（主程序）开始沿控制层向下移动，把模块——组合起来。分两种方法，第一种是先深度，按照结构，用一条主控制路径将所有模块组合起来；第二是先宽度，逐层组合所有下属模块，在每一层水平地沿着移动。

组装过程分为以下五个步骤。

步骤一：用主控模块作为测试驱动程序，其直接下属模块用承接模块来代替。

步骤二：根据所选择的集成测试法（先深度或先宽度），每次用实际模块代替下属的承接模块。

步骤三：在组合每个实际模块时都要进行测试。

步骤四：完成一组测试后再用一个实际模块代替另一个承接模块。

步骤五：可以进行回归测试，即重新再做所有的或者部分已做过的测试，以保证不引入新的错误。

自顶向下集成测试的优点是能够尽早发现系统主控方面的问题，缺点是无法验证桩模块是否完全模拟了下属模块的功能。

依然以上述的 4-3 软件结构为例子，详细讲解自顶向下集成测试的过程。

第一步，测试主控模块 M1，设计桩模块 S1、S2、S3，模拟被 M1 调用的 M2、M3、M4，如图 4-8 所示。

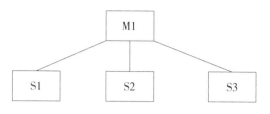

图 4-8　设计桩模块

第二步，依次用 M2、M3、M4 替代桩模块 S1、S2、S3，每替代一次进行一次测试，如图 4-9 所示。

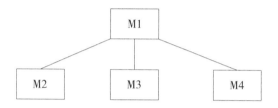

图 4-9　替代桩模块

第三步，对由主控模块 M1 和模块 M2、M3、M4 构成的子系统进行测试，设计桩模块 S4、S5，如图 4-10 所示。

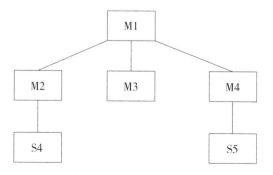

图 4-10　设计新的桩模块

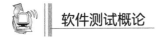

第四步，依次用模块 M5 和 M6 替代桩模块 S4、S5，并同时进行新的测试。组装测试完毕。

4.2.4 三明治策略

三明治集成是一种混合增量式测试策略，综合了自顶向下和自底向上两种集成方法的优点。这种方法中，桩模块和驱动模块的开发工作都比较小，不过其代价是在一定程度上增加了定位缺陷的难度。三明治集成策略的基本过程如下。

（1）确定以哪一层为界来进行集成（确定以 B 模块为界）。

（2）对模块 B 及其所在层下面的各层试用自底向上的集成策略。

（3）对模块 B 所在层上面的层次试用自顶向下的集成策略。

（4）对模块 B 所在层各模块同下层进行集成。

（5）对系统进行整体测试。

应用三明治集成策略尽量减少设计驱动模块和桩模块的数量。

4.2.5 核心系统先行策略

核心系统先行集成测试法的思想是先对核心软件部件进行集成测试，在测试通过的基础上再按外围软件部件的重要程度逐个集成到核心系统中。每次加入一个外围软件部件都产生一个产品基线，直至最后形成稳定的软件产品。核心系统先行集成测试法对应的集成过程是一个逐渐趋于闭合的螺旋形曲线，代表产品逐步定型的过程。其步骤如下。

步骤一：对核心系统中的每个模块进行单独的、充分的测试，必要时使用驱动模块和桩模块；

步骤二：对于核心系统中的所有模块一次性集合到被测系统中，解决集成中出现的各类问题。在核心系统规模相对较大的情况下，也可以按照自底向上的步骤，集成核心系统的各组成模块。

步骤三：按照各外围软件部件的重要程度以及模块间的相互制约关系，拟定外围软件部件集成到核心系统中的顺序方案。方案经评审以后，即可进行外围软件部件的集成。

步骤四：在外围软件部件添加到核心系统以前，外围软件部件应先完成内部的模块级集成测试。

步骤五：按顺序不断加入外围软件部件，排除外围软件部件集成中出现的问题，形成最终的用户系统。

该集成测试方法对于快速软件开发很有效果，适合较复杂系统的集成测试，能保证一些重要的功能和服务的实现。缺点是采用此法的系统一般应能明确区分核心软件部件和外围软件部件，核心软件部件应具有较高的耦合度，外围软件部件内部也应具有较高的耦合度，但各外围软件部件之间应具有较低的耦合度。

4.2.6　高频集成策略

高频集成测试是指同步于软件开发过程，每隔一段时间对开发团队的现有代码进行一次集成测试。如某些自动化集成测试工具能实现每日深夜对开发团队的现有代码进行一次集成测试，然后将测试结果发到各开发人员的电子邮箱中。该集成测试方法频繁地将新代码加入一个已经稳定的基线中，以免集成故障难以发现，同时控制可能出现的基线偏差。使用高频集成测试需要具备一定的条件，第一是可以持续获得一个稳定的增量，并且该增量已被内部验证没有问题；第二是大部分有意义的功能增加可以在一个相对稳定的时间间隔（如每个工作日）内获得；第三是测试包和代码的开发工作必须是并行进行的，并且需要版本控制工具来保证始终维护的是测试脚本和代码的最新版本；第四是必须借助于使用自动化工具来完成。高频集成一个显著的特点就是集成次数频繁，显然，人工的方法是不胜任的。

高频集成测试一般采用如下步骤来完成。

步骤一：选择集成测试自动化工具。如很多 Java 项目采用 Junit+Ant 方案来实现集成测试的自动化，也有一些商业集成测试工具可供选择。

步骤二：设置版本控制工具，以确保集成测试自动化工具所获得的版本是最新版本。如使用 CVS 进行版本控制。

步骤三：测试人员和开发人员负责编写对应程序代码的测试脚本。

步骤四：设置自动化集成测试工具，每隔一段时间对配置管理库的新添加的代码进行自动化的集成测试，并将测试报告汇报给开发人员和测试人员。

步骤五：测试人员监督代码开发人员及时关闭不合格项。

按照步骤三至步骤五不断循环，直至形成最终软件产品。

该测试方案能在开发过程中及时发现代码错误，能直观地看到开发团队的有效工程进度。在此方案中，开发维护源代码与开发维护软件测试包被赋予了同等的重要性，这对有效防止错误、及时纠正错误都很有帮助。该方案的缺点在于测试包有时候可能不能暴露深层次的编码错误和图形界面错误。

以上我们介绍了几种常见的集成测试方案，一般来讲，在现代复杂软件项目集成测试过程中，通常采用核心系统先行集成测试和高频集成测试相结合的方式进行，自底向上的集成测试方案在采用传统瀑布式开发模式的软件项目集成过程中较为常见。读者应该结合项目的实际工程环境及各测试方案适用的范围进行合理的选型。

4.3　集成测试用例设计

集成测试主要使用白盒测试和黑盒测试两种方法。无论什么测试，都需要有基本的测试用例设计思想，集成测试过程中，主要考虑功能覆盖率和接口覆盖率。功能覆盖率中最常见的就是需求覆盖，设计一定的测试用例使得每个需求都被测试到。而接口覆盖是通过设计一定的测试用例使系统的每一个接口都被测试到。本节主要讨论从哪些角度设计集成测试用例。

1. 根据运行的基本功能设计用例

集成测试的首要工作是设计一些能够保证系统运行的测试用例，测试接口的正确性，保证系统最基本的功能能够运行。

可使用的主要测试分析技术有等价类划分、边界值分析、基于决策表的测试。

2. 为正向测试设计用例

如果软件各个模块的接口设计和模块功能完全正确无误并且满足需求，那么作为正向测试的一个重点就是验证这些集成后的模块是否按照设计实现预期功能，根据这样的测试目标，可以直接根据概要设计文档导出相关测试用例。

3. 为逆向集成设计用例

逆向测试包括分析被测接口是否实现了需求规格没有描述的功能，检查规格说明中的可能出现的接口漏洞，或者判断接口定义是否错误，可能出现的接口异常错误，包括接口数据本身的错误，接口数据顺序错误等。在接口数据量很大的时候，进行穷尽测试是不可能的，只能基于一定的约束条件（根据风险等级的大小、排除不可能的组合情况）进行测试。

4. 为满足特殊需求设计用例

早期的软件测试过程中，安全性测试、性能测试、可靠性测试等主要在系统测试阶段才可能进行，但是现在的软件测试过程中，已经不断对这些满足特殊要求的测试过程加以细化。大部分软件产品的开发过程中，模块设计文档就已经明确地指出了接口要达到的安全性指标、性能指标等。此时，我们应该在对模块进行单元测试和集成测试阶段就开展满足特殊需求的测试，为整个系统是否能够满足这些特殊需求把关。

5. 测试用例扩充

软件开发过程中，因为需求变更等原因会有功能增加、特性修改等情况发生，因此我们不可能在测试工作一开始就能完成所有的集成测试用例设计，需要在集成测试阶段能够及时跟踪项目变化，按照需求增加和补充集成测试用例，保证进行充分的集成测试。

4.4　集成测试工作流程

集成测试的目的是确保各单元组合在一起后能够按既定意图协作运行，并确保增量的行为正确。它所测试的内容包括单元间的接口以及集成后的功能。使用黑盒测试方法测试集成的功能，并且对以前的集成进行回归测试。

4.4.1　测试过程

集成测试过程如图 4-11 所示。在概要设计评审通过后，参考需求规格说明书、概要设计文档、产品开发计划制定集成测试计划，集成测试计划制定时需要考虑被测试对象和测试范围、评

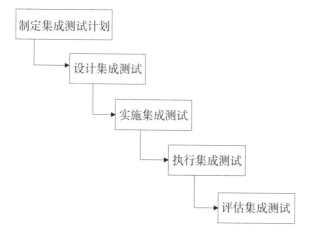

图 4-11　集成测试过程

估集成测试被测试对象的数量及难度即工作量、确定角色分工并划分任务、标示测试各阶段时间和任务及约束、考虑一定的风险分析及应急计划、考虑测试工具、测试环境等资源，还要考虑外部技术支援的力度和深度以及相关培训安排、定义测试完成标准。

通过以上工作，可以得到一份周密翔实的集成测试计划。但是，在集成测试计划定稿之前可能要经过几次修改和调整，直到通过评审为止。其实即使定稿之后也可能因为类似需求变更等原因而必须进行修改。

4.4.2 工作内容与流程

集成测试阶段的工作内容与流程，用表 4-1 表示。

表 4-1 工作内容与流程

活动	输入	输出	参与角色和职责
制定集成测试计划	设计模型 集成构建计划	集成测试计划	测试设计员负责制定集成测试计划
设计集成测试	集成测试计划 设计模型	集成测试用例 测试过程	测试设计员负责设计集成测试用例和测试过程
实施集成测试	集成测试用例 测试过程 工作版本	测试脚本（可选） 测试过程（更新）	测试设计员负责编制测试脚本（可选），更新测试过程
		驱动程序或稳定桩	设计员负责设计驱动程序和桩，实施员负责实施驱动程序和桩

续表

活动	输入	输出	参与角色和职责
执行集成测试	测试脚本（可选）工作版本	测试结果	测试员负责执行测试并记录测试结果
评估集成测试	集成测试计划测试结果	测试评估摘要	测试设计员负责会同集成员、编码员、设计员等有关人员（具体化）评估此次测试，并生成测试评估摘要

4.4.3　需求获取

集成测试需求所确定的是对某一集成工作版本的测试的内容，即测试的具体对象。集成测试需求主要来源于设计模型和集成构件计划。集成测试着重于集成版本的外部接口的行为。因此，测试需求须具有可观测、可测评性。集成工作版本应分析其类协作与消息序列，从而找出该工作版本的外部接口。由集成工作版本的外部接口确定集成测试用例。测试用例应覆盖工作版本每一外部接口的所有消息流序列。

需要注意的是，一个外部接口和测试用例的关系是多对多，部分集成工作版本的测试需求可映射到系统测试需求，因此对这些集成测试用例可采用重用系统测试用例技术。

4.4.4　工作机制

软件集成测试工作由产品评测部担任，需要项目组相关角色配合完成，包括软件评测部和软件项目组，具体如表4-2和表4-3

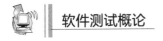

所示。

表 4-2　软件评测部

角色	职责
测试设计员	负责制定集成测试计划、设计集成测试、实施集成测试、评估集成测试
测试员	执行集成测试，记录测试结果

表 4-3　软件项目组

角色	职责
实施员	负责实施类（包括驱动程序和桩），并对其进行单元测试。根据集成测试发现的缺陷提出变更申请
配置管理员	负责对测试工件进行配置管理
集成员	负责制定集成构建计划，按照集成计划将通过了单元测试的类集成
设计员	负责设计测试驱动程序和桩，根据集成测试发现的缺陷提出变更申请

4.4.5　工作清单生成

集成测试完成后，生成的工作清单包括软件集成测试计划、集成测试用例、测试过程、测试脚本、测试日志及测试评估摘要。

第5章　系统测试

　　功能正确是软件最基本的要求，前面4章讲解软件的功能测试。软件还有许多非功能属性，如性能属性等。软件需要硬件的支持才能运行，发挥其效能。当软件和硬件集成在一起时，也会带来一些新的问题。系统测试是将已经确认的软件、计算机硬件、外设、网络等其他元素结合在一起，进行信息系统的各种组装测试，系统测试是针对整个产品系统进行的测试，包括很多内容，就测试成本来说，也远远大于之前实施的测试。

　　人们常常将非功能性测试，如安全性、可靠性、性能等看作是系统测试，以区别于功能测试。压力测试、容量测试和性能测试的测试目的虽然有所不同，但其手段和方法在一定程度上比较相似，都是采用负载测试技术。性能测试一般都要用到自动化测试工具，本章只讲解性能测试的原理及用例设计，不涉及工具的使用介绍。

　　软件的性能包括很多方面，主要有时间性能和空间性能。时间性能是指软件的一个具体事务的响应时间。比如，我们登录

126 邮箱，输入用户名和密码，点击登录，从点击按钮的那一刻到最终登录后的页面反馈，这一时间间隔为 3 秒。我们称 126 邮箱的在这一次登录事务中的响应时间为 3 秒。一般来说，在特定的测试环境下，多次登录，记录不同的响应时间，最后取平均值得到的数据才有意义。

空间性能主要指软件运行时所消耗的系统资源，如安装软件之前，软件的安装要求等。软件的性能测试分为一般性能测试、稳定性测试、负载测试、压力测试等。

5.1 一般性能测试

一般性能测试指的是被测系统在正常的软硬件环境下运行，不向其施加任何压力的性能测试。对于单机版的软件，我们就在其推荐配置下运行软件，检查 CPU 的利用率、内存的占有率等性能指标及软件主要事务的平均响应时间。

对于 C/S 和 B/S 结构的软件，则测试单个用户登录后，系统主要事务的响应时间和服务器的资源消耗情况。测试 126 邮箱的登录模块，我们只让 1 个用户多次登录，记录服务器端系统资源的消耗情况，如 CPU、内存等，并记录单个用户的平均登录时间。

5.2　稳定性测试

稳定性测试也叫可靠性测试，是指连续运行被测系统，检查系统运行时的稳定程度。我们通常用错误发生的平均时间间隔（MTBF，Mean Time Between Failure）来衡量系统的稳定性，MTBF 越大，系统的稳定性越强。

5.3　负载测试

负载测试通常是指被测系统在其能忍受的压力范围之内连续运行，来测试系统的稳定性。负载测试和稳定性测试比较相似，都是让被测系统连续运行，区别就在于负载测试需要给被测系统施加其刚好能承受的压力。比如，我们还是测试 126 邮箱系统的登录模块，我们先用 1 个用户登录，再用 2 个用户并发登录，再用 5 个，10 个等。在这个过程中，我们每次都需要观察并记录服务器的资源消耗情况，当发现服务器的资源消耗快要达到临界值时，如 CPU 的利用率达 90% 以上，内存的占有率达到 80% 以上，停止增加用户，如果现在的并发任务数为 20，我们就用 20 个用户多次重复登录，直到系统出现故障为止。负载测试为我们测试系统在临近状态下运行是否稳定提供了一种办法。

压力测试是检查系统处于压力情况下的能力表现，是通过确

定一个系统的瓶颈，来获得系统能提供的最大服务级别的测试。例如，通过增加并发用户的数量，检测系统的服务能力和水平；通过增加文件记录数来检测数据处理的能力和水平等。压力测试一般通过模拟方法进行。通常在系统对内存和 CPU 利用率上进行模拟，以获得测量结果。如将压力的基准设定为内存使用率达到 75%以上、CPU 使用率达到 75%以上，在此观测系统响应时间、系统有无错误产生。除了对内存和 CPU 的使用率进行设定外，数据库的连接数量、数据库服务器的 CPU 利用率等，也都可以作为压力测试的依据。如果一个系统能够在压力环境下稳定运行一段时间，那么该系统在普遍的运行环境下就应该可以达到令人满意的稳定程度。在压力测试中，通常会考察系统在压力下是否会出现错误等方面的问题。

5.4 容量测试

容量测试的首要任务是确定被测系统数据量的极限，即容量极限。这些数据可以是数据库所能容纳的最大值，也可以是一次处理所能允许的最大数据量等。系统出现问题，通常是发生在极限数据量产生或者临界产生的情况下，这时容易造成磁盘数据丢失、缓冲区溢出等问题。所谓的容量测试是指采用特定的手段测试系统能够承载处理任务的极限值所开展的测试工作。这里的特定手段是指测试人员根据实际运行中可能出现极限，制造相对应的任务组合，来激发系统出现极限的情况。

容量测试的目的是使系统承受超额的数据容量来发现它是否能够正确处理。通过测试，预先分析出反应软件系统应用特征的某项指标的极限值，如最大并发用户数、数据库记录数等，确定系统在其极限值状态下是否还能保持主要功能正常运行。容量测试还将确定测试对象在给定时间内能够持续处理的最大负载或工作量。

5.4.1　容量测试与其他测试的区别

　　对软件容量的测试，能让软件开发商或用户了解该软件系统的承载能力或提供服务的能力，如电子商务网站所能承受的、同时进行交易或结算的在线用户数。知道了系统的实际容量，如果不能满足设计要求，就应该寻求新的技术解决方案，以提高系统的容量。与容量测试十分相近的概念是压力测试。二者都是检测系统在特定情况下，能够承担的极限值。然而两者的侧重点有所不同，压力测试主要是使系统承受速度方面的超额负载。例如，一个短时间之内的吞吐量。容量测试关注的是数据方面的承受能力，并且它的目的是显示系统可以处理的数据容量。

　　容量测试往往应用于数据库方面的测试数据库容量，测试时测试对象处理大量的数据，以确定是否达到了将使软件发生故障的极限。容量测试确定测试对象在给定时间内能够持续处理的最大负载或工作量。

　　压力测试的重点在于发现功能性测试所不易发现的系统方面的缺陷，而容量测试和性能测试是系统测试的主要目标内容，也就是确定软件产品或系统的非功能性方面的质量特征，包括具体的特征值。容量测试和性能测试更着力于提供性能与容量方面的数据，为软件系统部署、维护、质量改进服务，并可以帮助市场定位、销售人员对客户的解释、广告宣传等服务。

压力测试、容量测试和性能测试的测试方法相通，在实际测试工作中，往往结合起来进行以提高测试效率。一般会设置专门的性能测试实验室完成这些工作，即使用虚拟的手段模拟实际操作，所需要的客户端有时很大，所以性能测试实验室的投资较大。对于许多中小型软件公司，可以委托第三方完成性能测试，可以在很大程度上降低成本。

5.4.2　容量测试方法

容量测试确定被测系统数据量的极限，这些数据可能是数据库所能容纳的最大值，也可能是一次处理所能允许的最大数据量等。系统通常是在极限数据量产生或临界产生的情况下，容易产生磁盘数据的丢失、缓冲区溢出等一些问题。

为了更清楚地说明如何确定容量的极限值，参看图 5-1 的资源利用率、响应时间、用户负载关系图。

图 5-1 中反映了资源利用率、响应时间与用户负载之间的关系。可以看到，用户负载增加，响应时间也缓慢地增加，而资源利用率几乎是线形增长，这是因为应用做更多的工作，它需要更多的资源。资源利用率接近 100% 时，出现一个有趣的现象，就是响应以指数曲线方式下降，这点在容量评估中被称作为饱和点。饱和点是指所有性能指标都不满足，随后应用发生恐慌的时间点。

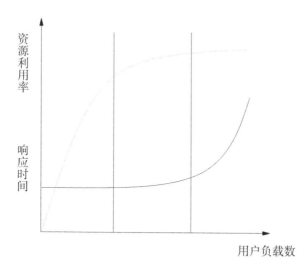

图 5-1　资源利用率、响应时间、用户负载关系图

执行容量评估的目标是保证用户知道饱和点在哪，并且永远不要出现这种情况。在这种情况发生前，管理者应优化系统或者增加适当额外的硬件。

为了确定容量极限，可以进行一些组合条件下的测试，如核实测试对象在以下高容量条件下能否正常运行，链接或模拟了最大（实际或实际允许）数量的客户机，所有客户机在长时间内执行相同的、可能性能不稳定的重要业务功能，以达到最大的数据库大小（实际的或按比例缩放的）而一起同时执行多个查询或报表事务，选用不同的加载策略（需要注意，不能简单地说在某一标准配置服务器上运行某软件的容量是多少，选用不同的加载策略可以反映不同状况下的容量）。

举个确定网上聊天室软件的容量的简单的例子。一个聊天室内有 1000 个用户，和 100 个聊天室每个聊天室内有 10 个用户，同样都是 1000 个用户，在性能表现上可能会出现很大的不同，在服务器端数据输出量、传输量更是截然不同的。在更复杂的系统内，就需要分别为多种情况提供相应的容量数据作为参考。

5.4.3 执行容量测试

容量测试的第一步也和其他测试工作一样，通常是获取测试需求。系统测试需求确定测试的内容，即测试的具体对象。测试需求主要来源于各种需求配置项，它可能是一个需求规格说明书，或是由场景、用例模型、补充规约等组成的一个集合。其中，容量测试需求来自测试对象的指定用户数和业务量。容量需求通常出现在需求规格说明书中的基本性能指标、极限数据量要求和测试环境部分。容量测试常用的用例设计方法有规范导出法、边界值分析、错误猜测法。

容量测试的步骤如下。

步骤一：分析系统的外部数据源，并进行分类。

步骤二：对每类数据源分析可能的容量限制，对于记录类型数据需要分析记录长度限制，记录中每个域长度限制和记录数量限制。

步骤三：对每个类型数据源，构造大容量数据对系统进行测试。

步骤四：分析测试结果，并与期望值比较，确定目前系统的容量瓶颈。

步骤五：对系统进行优化并重复以上四步，直到系统达到期望的容量能力。

常见的容量测试例子有处理数据敏感操作时进行的相关数据比较；使用编译器编译一个极其庞大的源程序；使用一个链接编辑器编辑一个包含成千上万模块的程序；一个电路模拟器模拟包含成千上万块的电路；一个操作系统的任务队列被充满；一个测试形式的系统被灌输了大量文档格式；互联网中庞大的 E-mail 信息和文件信息。

5.4.4　GUI 测试

图形化用户接口已经成为人们最喜欢的人机交互界面。虽然命令行界面具有非常高的效率和便捷性，但相对命令行界面，GUI 用户界面降低了使用难度以及用户的知识储备要求。因此，GUI 的好坏直接影响到用户使用软件的效率和心情以及对系统的印象。通过严格的 GUI 测试，软件可以更好地服务于使用者。GUI 测试包含两个方面的内容，一是界面实现与界面设计是否吻合；二是界面功能是否正确。GUI 测试相对功能测试来说要困难一些，主要有以下原因。

（1）GUI 的可能接口空间非常巨大。比如，不同的 GUI 活动序列可能导致系统处于不同的状态，这样测试的结果会依赖于活动序列。有时单看某个测试顺序下，功能是正常的；但换个顺序，功能就出现了异常。而完全覆盖系统的状态集有时非常困难。

（2）GUI 的事件驱动特性。由于用户可能单击屏幕上的任何一个位置，于是产生非常多的用户输入，模拟这类输入比较困难。

（3）GUI 测试的覆盖率理论不如传统的结构化覆盖率成熟，难以设计出功能强大的自动化工具。

（4）界面美学具有很大的主观性。比如，界面元素大小、位置、颜色等、不同的人常常有不同的结果，因此难以定出一个标准。

（5）糟糕的界面设计使得界面与功能混杂在一起，这使得界面的修改会导致更多的错误，同时也增加了测试的难度和工作量。

为了更好地进行 GUI 测试，一般将界面与功能分开设计。比如，分成界面层、界面与功能接口层、功能层。这样 GUI 测试的重点就放在前面两层上。GUI 测试常采用越早测试越好的原则，通常在原型出来之后，就着手进行 GUI 测试。由测试人员扮演场景中的角色，模拟各种可能的操作和操作序列。由于测试工作相对枯燥，可以使用一些自动测试工具，如 WinRunner、Visual Studio UnitTest 等。自动化 GUI 测试的基本原理是录制和回放脚本。

设计 GUI 测试用例时，常用的用例设计方法包括规范导出、等价类划分、边界值分析、因果图、决策表、错误猜测法等，设计步骤如下。

步骤一：划分界面元素，并根据界面复杂性进行分层。一般将界面元素分成 3 层，第一层为界面原子，即界面上不可再分割的单元，如按钮、图标等；第二层为界面元素的组合，如工具栏、表格等；第三层为完整窗口。

步骤二：在不同的界面层次确定不同的测试策略。对界面原子层，主要考虑该界面原子的显示属性、处罚机制、功能行为、可能状态集等内容。对界面元素组合层，主要考虑界面原子的组合顺序、排列组合、整体外观、组合后的功能行为等。对完整窗口，主要考虑窗口的整体外观、窗口元素排列组合、窗口属性值、窗口的可能操作路径等。

步骤三：进行测试数据分析，提取测试用例。对于元素外观，可以从以下角度获取测试数据，包括界面元素大小，界面元素形状，界面元素色彩、对比度、明亮度，还可以从界面元素包含的文字属性，如字体、排序方式、大小等获取测试数据。对于界面元素的布局，可以从以下角度获取测试数据，包括元素位置、元素对齐方式、元素之间的间隔、Tab 顺序、元素间色彩搭配。对于界面元素的行为，可以从以下角度获取测试数据，包括回显功能、输入限制和输入检查、输入提醒、联机帮助、默认值、激活或取消激活、焦点状态、功能键或快捷键、操作路径、撤销操作等。

步骤四：使用自动化测试工具进行脚本化工作。

5.5 其他测试类型

软件产品由程序、数据、文档组成。文档是软件的一个重要组成部分，因此在对软件产品进行测试时，文档测试也是一个必需的环节。文档的种类包括开发文档、管理文档、用户文档。开发文档包括程序开发过程中的各种文档，如需求说明书和设计说明书等。管理文档包括工作计划或工作报告，这些文档是为了使管理人员及整个软件开发项目组了解软件开发项目安排、进度、资源使用和成果等。用户文档是为了使用户了解软件的使用、操作和对软件进行维护，软件开发人员为用户提供的详细资料。

这三类文档中，一般主要测试的是用户文档，因为用户文档中的错误可能会导致用户对软件的错误使用，而且如果用户在使用软件时遇到的问题没有通过用户文档中的解决方案得到解决，用户将因此对软件质量产生不信赖感，甚至厌恶使用该软件，这对软件的宣传和推广是很不利的。用户文档的种类繁多，包括以下几种。

（1）用户手册。这是人们最容易想到的用户文档。用户手册是随软件发布而印制的小册子，通常是简单的软件使用入门指导书。

（2）联机帮助文档。联机帮助文档有索引和搜索功能，用户可以方便、快捷地查找所需信息。Microsoft Word 的联机帮助文档内容非常全面。多数情况下联机帮助文档已成为软件的一部分，有时也在网站上发布。

（3）指南和向导。可以是印刷产品，也可以是程序和文档的融合体。其主要作用是引导用户一步一步完成任务，如程序安装向导等。

（4）示例及模板。例如，某些系统提供给用户填写的表单模板。

（5）错误提示信息。这类信息常常被忽略，但的确属于文档。一个较特殊的例子，服务器系统运行时检测到系统资源达到临界值或受到攻击时给管理员发送的警告邮件。

（6）用于演示的图像和声音。

（7）授权/注册登记表及用户许可协议。

（8）软件的包装、广告宣传材料。

在进行用户文档测试时，主要测试以下几个方面。

（1）读者群。文档面向的读者定位要明确。对于初级用户，可能需要从计算机的基本知识开始讲起，如鼠标单击、界面上按钮的使用等；对于中级用户，需要详细介绍软件的每个功能的使用步骤，保证按用户文档能正确使用相应功能；对于高级用户，则没有必要给出每个功能的详细使用说明，只需对一些非明显的功能进行简要说明，对一些重要参数的含义及提供的选项进行说明，用词要专业。不论用户群定位如何，文档都不可以写成散文、诗歌或者侦探、言情小说。文档的目的是要让用户看得懂、能理解。

（2）术语。文档中用到的术语要适用于定位的读者群，用法要一致，标准定义与业界规范相吻合。如果有索引或交叉引用，所有的术语都应能够进行索引和交叉引用。如果术语较多，在纸质手册的末尾应给出术语索引；如果被测软件提供二次开发功能，有大量函数，则有必要编写独立的函数手册和开发指南。

（3）正确性。测试文档的正确性会占用文档测试的大量时间和人力。测试中需检查所有信息是否真实、正确，查找由于过期产品说明书和销售人员夸大事实等原因而导致的错误。检查所有的目录、索引和章节引用是否已更新，尝试链接是否准确，产

品支持电话、地址和邮政编码是否正确。

（4）完整性。慢慢地仔细阅读文字，完全根据提示进行操作，不要做任何假设。对照软件界面检查是否有重要的分支没有描述到，甚至是否有整个大规模没有描述到，耐心补充遗漏的步骤。对于软件的内部测试人员来说，这项测试相当困难，因为这些测试人员可能对该软件产品极为熟悉，某些对于他们来说是"显然"的功能或步骤极易被忽略，他们会想当然地认为用户也知道如何操作，但殊不知对于测试人员来说是"显然"的事，对用户来说却不见得如此。因此，可以考虑让不是很熟悉被测软件的人员进行此项目的测试，甚至可以招募用户来进行测试。

（5）一致性。按照文档描述的操作执行后，检查软件返回的结果是否与文档描述相同。这项工作一定要细致，需要严格按照文档描述进行操作。因为对于熟悉被测软件的测试人员来说，他们可能只看一下文档描述中某个功能的标题就按自己的想法直接进行测试，然后比对结果，这样的做法可能会遗漏文档中的操作步骤错误，给用户造成困扰。此外，要留意软件界面上出现的版本号与手册、帮助上的信息是否一致。

（6）易用性。纸介质文档可以通过目录、关键词索引提高用户使用的易用性。条理清晰、结构合理的文档是优质软件的一个显著特征。对关键步骤以粗体或背景色给用户以提示。合理的页面布局、适量的图表都可以给用户更高的易用性。电子文档或帮助系统比纸介质在这方面有更大的优势。需要注意的是，文档要有助于用户排除错误，只描述正确操作而不描述错误处理办法的文档是不负责任的。与程序大多用于错误处理一样，文档对于用户看到的错误信息应当有更详细的文档解释，而且不应让用户花费太多的时间去寻找所需要的解释。

（7）图表与界面截图。检查所有图表与界面截图是否与软件发行版本相同。对于成熟的软件开发商来说，界面在设计阶段就应基本确定，不应在软件开发后期有大的变动。而此项测试就是要发现在文档完成时是否有界面变动，确保界面截图源于软件发行版本，测试中还要注意图表标题和图表内容文字的正确性。

（8）样例和示例。像用户一样使用样例。如果是软件产品提供的文档模板，应以每一个模板制作文件，确保他们的正确性。

（9）语言和文字。应保证文档中语言使用一致，不要多文种混杂，不要出现语法、字词错误。可以采用一些校对工具辅助人工检查，并进行细致、专业的校对，不要让用户发现错别字，不要出现有二义性的说法，特别要注意的是图片中的文字。

（10）印刷与包装。测试人员须抽查印刷品质量，查看是否有缺页、坏损。检查包装盒的大小是否合适，光盘的固定有没有问题，有没有零碎易丢失的小部件等。这时发现的问题如果不是太严重，无须在这个版本中进行修改，因为这时修改的成本是巨大的，但这些问题对下一个版本来说是非常有价值的。

第6章　验收测试

软件测试是为了发现错误而执行程序的过程，它不仅是软件开发阶段的有机组成部分，而且在整个软件定义、设计和开发过程中占据相当大的比重。软件测试是软件质量保证的关键环节，直接影响着软件的质量评估。软件测试不仅要讲究策略，更要讲究时效性。验收测试作为软件测试过程的最后一个环节，对软件质量、软件的可交付性和软件项目的实施周期起到一锤定音的作用。

验收测试是有效性测试或合格性测试的一种。验收测试由用户、软件开发实施人员和质量保证人员共同参与。

验收测试以双方确认的需求规格说明和技术合同为准，确认需求是否被满足，合同条款是否被贯彻执行。验收测试中的用例设计要全面、多维、高效。

6.1　验收测试概述

通过系统测试之后，软件已完全组装起来，接口方面的错误也已排除，软件测试的最后一步，验收测试即可开始。验收测试应检查软件能否按合同要求进行工作，即是否满足软件需求说明书和技术合同中的确认标准。

6.1.1　验收测试标准

验收测试需要制定测试计划和过程，测试计划应规定测试的种类和测试进度，测试过程则定义一些特殊的测试用例，旨在说明软件与需求是否一致。无论是计划还是过程，都应该着重考虑软件是否满足合同规定的所有功能和性能，文档资料是否完整、人机界面和其他方面。例如，可移植性、兼容性、错误恢复能力和可维护性等是否令用户满意。验收测试的结果有两种可能，一种是功能和性能指标满足软件需求说明和技术合同的要求，用户可以接受；另一种是软件不满足软件需求说明和技术合同的要求，用户无法接受。项目进行到这个阶段才发现严重错误和偏差一般很难在预定的工期内改正，因此必须与用户协商，寻求一个妥善解决问题的方法。

6.1.2　配置复审

验收测试的另一个重要环节是配置复审，复审的目的在于

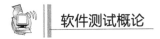

保证软件配置齐全、分类有序，并且包括软件维护所必需的细节。

6.1.3　α测试和β测试

事实上，软件开发人员不可能完全预见用户实际使用程序的情况。例如，用户可能错误地理解命令，或提供一些奇怪的数据组合，亦可能对设计者自认明了的输出信息迷惑不解等。因此，软件是否真正满足最终用户的要求，应由用户进行一系列"验收测试"。验收测试既可以是非正式的测试，也可以是有计划、系统的测试。验收测试可以长达数周甚至数月，不断暴露错误，导致开发延期。一个软件产品可能拥有众多用户，不可能由每个用户验收，此时多采用称为α、β测试的方法以期发现那些似乎只有最终用户才能发现的问题。α测试是指软件开发公司组织内部人员模拟各类用户行对即将面市软件产品（称为α版本）进行测试，试图发现错误并修正。α测试的关键在于尽可能逼真地模拟实际运行环境和用户对软件产品的操作并尽最大努力涵盖所有可能的用户操作方式。经过α测试调整后的软件产品称为β版本。紧随其后的β测试是指软件开发公司组织各方面的典型用户在日常工作中实际使用β版本，并要求用户报告异常情况、提出批评意见。然后软件开发公司再对β版本进行改错和完善。验收测试一般包括功能度、安全可靠性、易用性、可扩充性、兼容性、效率、资源占用率、用户文档八个方面。

6.2　常用策略

验收测试通常采用正式验收、非正式验收或者 D 测试、B 测试。验收测试策略的选择通常建立在合同需求、组织和公司标准及应用领域的基础上。

6.2.1　正式验收测试

正式验收测试是一项管理严格的过程，计划和设计这些测试的周密和详细程度不亚于系统测试。选择的测试用例应该是系统测试中所执行测试用例的子集。不要偏离所选择的测试用例方向，这一点很重要。在很多组织中，正式验收测试是完全自动执行的。

在有些组织中，开发组织或独立的测试小组与最终用户组织的代表一起执行验收测试。也有一些组织，验收测试则完全由最终用户组织执行，或者由最终用户组织选择人员组成一个客观公正的小组来执行。

正式验收测试具有多个优点，一是拟被测试的功能和特性都是已知的；二是测试的细节是已知的并且可以对其进行评测；三是这种测试可以自动执行，支持回归测试；四是测试过程能够进行评测和监测；五是预先知道可接受性标准是什么。

但是，正式验收测试也具有一些缺点，包括要求大量的资源和计划、测试可能是系统测试的再次实施、可能无法发现软

件中由于主观原因造成的缺陷（因为只查找预期要发现的缺陷）。

6.2.2　非正式验收测试

在非正式验收测试中，执行测试的过程不像正式验收测试中那样严格。在此测试中，确定并记录要研究的功能和业务任务，但没有可以遵循的特定测试用例。测试内容由各测试员决定。这种验收测试方法不像正式验收测试那样组织有序，而且更为主观。大多数情况下，非正式验收测试是由最终用户组织执行的。

该测试形式的优点是，要测试的功能和特性都是已知的，可以对测试过程进行评测和监测，可接受性标准是已知的，与正式验收测试相比，能够发现更多主观原因造成的缺陷。

但是该测试也具有一些缺点，如要求资源计划和管理资源；无法控制所使用的测试用例；用户可能习惯性地沿用系统工作的方式，并可能无法发现缺陷；用户可能专注于对比新系统与遗留系统之间的异同，而不是专注于查找缺陷；验收测试的各种资源脱离项目的控制，且有可能被压缩。

6.2.3　B 测试

在 B 测试中，数据和方法完全由测试员决定。测试员负责创建测试环境、选择数据，并决定要研究的功能、特性或任务。测试员负责确定对于系统当前状态的接受标准。B 测试由最终用户实施，通常开发组织或其他非最终用户对其管理很少或不进行管理。B 测试是所有验收测试策略中最主观的。

这种测试形式的优点是测试由最终用户实施，大量的潜在测试资源，提高客户对参与人员的满意程度，与正式或非正式验收测试相比，可以发现更多由于主观原因造成的缺陷。

这种测试形式缺点包括未对所有功能和/或特性进行测试；测试流程难以评测；最终用户可能沿用系统工作的方式，并可能没有发现或没有报告缺陷；最终用户可能专注于比较新系统与遗留系统，而不是专注于查找缺陷；用于验收测试的资源不受项目的控制，并且可能受到压缩；可接受性标准是未知的；需要更多辅助性资源来管理 B 测试员。

6.3　测试过程

验收测试过程如下。

步骤一：软件需求分析。了解软件功能和性能要求、软硬件环境要求等，并特别要了解软件的质量要求和验收要求。

步骤二：编制《验收测试计划》和《项目验收准则》。根据软件需求和验收要求编制测试计划，制定需测试的测试项，制定测试策略及验收通过准则，并经过客户参与的计划评审。

步骤三：测试设计和测试用例设计。根据《验收测试计划》和《项目验收准则》编制测试用例，并经过评审。

步骤四：测试环境搭建。建立测试的硬件环境、软件环境等。(可在委托客户提供的环境中进行测试)。

步骤五：测试实施。测试并记录测试结果。

步骤六：测试结果分析。根据验收通过准则分析测试结果，做出验收是否通过及测试评价。

步骤七：测试报告。根据测试结果编制缺陷报告和验收测试报告，并提交给客户。

6.4 总体思路

用户验收测试是软件开发结束后，用户对软件产品投入实际应用以前进行的最后一次质量检验活动。它要回答开发的软件产品是否符合预期的各项要求以及用户能否接受的问题。由于它不只是检验软件某个方面的质量，而是要进行全面的质量检验，并且要决定软件是否合格，因此验收测试是一项严格的测试活动，需要根据事先制定的计划，进行软件配置评审、功能测试、性能测试等多方面检测。

用户验收测试可以分为两大部分，即软件配置审核和可执行程序测试。其顺序一般可分为文档审核、源代码审核、配置脚本审核、测试程序或脚本审核、可执行程序测试。要注意的是，在开发方将软件提交用户方进行验收测试之前，必须保证开发方本身已经对软件的各方面进行了足够的正式测试。

用户在按照合同接收并清点开发方的提交物品时，要查看开发方提供的各种审核报告和测试报告内容是否齐全，加上平时对开发方工作情况的了解，基本可以初步判断开发方是否已经进行了足够的正式测试。

用户验收测试的每一个相对独立的部分，都应该有目标（开启本工作的目的）、启动标准（开始本步工作必须满足的条件）、活动（构成本步工作的具体活动）、完成标准（完成本步工作要满足的条件）和度量（应该收集的产品与过程数据）。

6.4.1 软件配置审核

对于一个外包的软件项目而言，软件承包方通常要提供如下相关的软件配置内容。

（1）可执行程序、源程序、配置脚本、测试程序或脚本。

（2）主要的开发类文档，包括需求分析说明书、概要设计说明书、详细设计说明书、数据库设计说明书、测试计划、测试报告、程序维护手册、程序员开发手册、用户操作手册、项目总结报告。

（3）主要的管理类文档，包括项目计划书、质量控制计划、配置管理计划、用户培训计划、质量总结报告、评审报告、会议记录、开发进度月报。

在开发类文档中，容易被忽视的文档有程序维护手册和程序员开发手册。程序维护手册的主要内容包括系统说明（包括程序说明）、操作环境、维护过程、源代码清单等，编写目的是为将来的维护、修改和再开发工作提供有用的技术信息。程序员开发手册的主要内容包括系统目标、开发环境使用说明、测试环境使用说明、编码规范及相应的流程等，实际上就是程序员的培训手册。

不同大小的项目，都必须具备上述的文档内容，只是可以根据实际情况进行重新组织。对上述的提交物，最好在合同中规定阶段提交的时机，以免发生纠纷。通常，正式的审核过程分为5个步骤，即计划、预备会议（可选）、准备阶段、审核会议和问题追踪。预备会议是对审核内容进行介绍并讨论，准备阶段就是各责任人事先审核并记录发现的问题，审核会议是最终确定工作产品中包含的错误和缺陷。审核要达到的基本目标是根据共同制定的审核表，尽可能地发现被审核内容中存在的问题，并最终得到解决。在根据相应的审核表进行文档审核和源代码审核时，还要注意文档与源代码的一致性。

实际的验收测试执行过程中，文档审核是最难的工作。一方面，由于市场需求等方面的压力使这项工作常常被弱化或推迟，造成持续时间变长，加大文档审核的难度；另一方面，文档审核中不易把握的地方非常多，每个项目都有一些特别的地方，而且也很难找到可用的参考资料。

6.4.2 可执行程序测试

文档审核、源代码审核、配置脚本审核、测试程序或脚本审核都顺利完成后，就可以进行验收测试的最后一个步骤，即可执行程序的测试。该测试包括功能、性能等方面的测试，每种测试都包括目标、启动标准、活动、完成标准和度量五部分。

要注意的是不能直接使用开发方提供的可执行程序用于测试，而要按照开发方提供的编译步骤，从源代码重新生成可执行程序。在真正进行用户验收测试之前一般应该已经完成了以下工作（也可以根据实际情况有选择地采用或增加）。

（1）软件开发已经完成，并全部解决了已知的软件缺陷。

（2）验收测试计划已经通过评审并批准，并且置于文档控制之下。

（3）对软件需求说明书的审查已经完成。

（4）对概要设计、详细设计的审查已经完成。

（5）对所有关键模块的代码审查已经完成。

（6）对单元、集成、系统测试计划和报告的审查已经完成。

（7）所有的测试脚本已完成，并至少执行过一次，且通过评审。

（8）使用配置管理工具且代码置于配置控制之下。

（9）软件问题处理流程已经就绪。

（10）已经制定、评审并批准验收测试完成标准。

6.5　测试内容

验收通常包括安装测试、功能测试、性能测试、压力测试、配置测试、安全性测试、恢复测试、可靠性测试等。性能测试和压力测试一般情况下是在一起进行，通常还需要辅助工具的支持。在进行性能测试和压力测试时，测试范围必须限定在那些使用频度高的和时间要求苛刻的软件功能子集中。由于开发方已经事先进行过性能测试和压力测试，因此可以直接使用开发方的辅助工具。也可以通过购买或自己开发来获得辅助工具。具体的测试方法可以参考相关的软件工程书籍。

如果执行了所有的测试案例、测试程序或脚本，用户验收测试中发现的所有软件问题都已解决，而且所有的软件配置均已更新和审核，可以反映出软件在用户验收测试中所发生的变化，用户验收测试就完成了。

第7章 面向对象程序的测试

　　面向对象软件开发以类和对象为出发点，具有继承、封装和多态的特性。这样一来，其测试策略也必须顺应这些特征。封装是对数据的隐藏，内部的具体细节被隐藏起来，外界只能通过被提供的操作来访问或修改数据，降低了数据被任意修改和读写的可能性，同时也导致可能产生的错误也封装到了具体的类里，使传统测试方式对封装好的数据进行测试受到影响。继承的优点使得代码可以重用，还可以自由地增加新的功能和特征，但同时也有其负面的影响，不可避免地使错误得以继承和传播，所以继承需要采用必要的方式测试。多态使得相同的行为被不同的对象来执行时，可以有不同的实现方式，同一函数处理能力极大增强了，但同时却使得函数的行为复杂化，测试时需要考虑到针对函数的不同功能采用不同的测试方式。

　　面向过程程序测试单元测试集中在最小的编程单元——子程序，如函数、功能模块。从单元测试开始，逐步进入集成测试，最后是系统测试。然而，面向对象程序的基本组成单位是类，从宏观来看，面向对象程序是各个类的相互作用。在面向对象系统

中，系统的基本构造模块是封装了的数据和函数，而不再是一个个能完成特定功能的功能模块。面向对象测试通过测试每一个实例的具体行为，验证类的实现与类的说明是否一致。

7.1　面向对象的单元测试

　　面向对象软件的基本组成单位是类，相应地，最小测试单元需要从其基本组成着手，也就是选择封装好的类或对象。这种面向对象软件的单元测试等价于传统软件开发方法中的单元测试。二者区别在于，传统单元测试的测试对象是程序中的函数，过程或具有一定功能的程序模块；而面向对象软件的测试对象是具有一定功能的类，需要考虑的不仅是类中的操作（函数），而且还需要考虑到封装的状态行为。面向对象的单元测试中仍然可以使用一些传统的测试方法，如测试类成员函数。

　　面向对象程序以类和对象来考虑问题，把功能的实现分布在类中，忽略了类功能实现的细则。正是这种面向对象程序风格，将出现的错误能精确地确定在某一具体的类。因此，面向对象的测试集中到面向对象程序风格、对象及其功能的实现，主要体现为两个方面，数据成员是否满足数据封装的要求以及类是否实现了要求的功能。

7.1.1　数据成员是否满足数据封装的要求

　　数据封装通俗地说就是把不需要对外提供的数据隐藏起来，

对外形成一道屏障，数据成员所属的类或子类以外的类只能通过公共接口对封装的数据进行访问。检查数据成员是否满足数据封装的要求，基本原则是外界能否有权限数据成员调用。当数据成员的结构改变时，是否影响了类的对外接口，是否会导致相应外界必须改动，如以下的面向对象程序的代码段。

```
class A{
    protected:
        int x;
        int y;
    public:
        void setx(int a){x=a;}
        void sety(int b){y=b;}

};


class B:public A{
        public:
        int getsum(){return x+return y;
};
```

由于继承的关系，class B 可以访问从 class A 中继承来的 X，Y。但是，一旦封装的数据结构发生变化，如 Y 的权限变为 private，此时 class B 欲访问 Y，对外接口就必须做相应的改动。改动后的代码如下。

```
class A{
    protected:
        int x;
    private:
        int y;
    public:
        void setx(int a){x=a;}
        void sety(int b){y=b;}
        int getx(){return x;}
        int gety(){return y;}
};

class B:public A{
    public:
    int getsum(){return x+gety();}
};
```

7.1.2 类是否实现了要求的功能

类的成员函数执行了类所需要实现的功能，在测试类的功能
实现时，应该首先保证类成员函数的正确性。类成员函数的测试
方法与面向过程程序中的函数没有本质的区别，几乎所有传统的
单元测试中所使用的方法都可在面向对象的单元测试中使用。其
次，还应该考察类的实例在其生命周期各个状态下的情况。但
是，仅仅测试类成员函数和类的实例是远远不够的，类成员函数

只实现类的基础功能，而类成员函数间是怎样相互作用，类与类之间又是怎样调用服务的，单元测试是无法满足的。因此，还需要进一步进行面向对象的集成测试。

7.1.3 基于类的单元测试

类的单元测试一般由程序员自己完成，具体而言，需要提出单元级测试的测试分析（提出相应的测试要求）和测试用例（选择适当的输入以达到测试要求），这种规模和难度等均远小于整个系统的测试分析和测试用例，而且强调对语句应该有100%的执行代码覆盖率。在设计测试用例选择输入数据时，基于以下两个假设。

原则 1：如果函数（程序）对某一类输入中的一个数据正确执行，对同类中的其他输入也能正确执行。

原则 2：如果函数（程序）对某一复杂度的输入正确执行，对更高复杂度的输入也能正确执行。例如，需要选择字符串作为输入时，基于本假设，就无须计较字符串的长度。除非字符串的长度是要求固定的，如 IP 地址字符串。

在面向对象程序中，类成员函数通常都很小，功能单一，函数间调用频繁，容易出现一些不易发现的错误，下面举例说明。

（1） if（−1＝＝write（fid, buffer, amount））error_out（）；

该语句没有全面检查 write（）的返回值，无意中断然假设了只有数据被完全写入和没有写入两种情况。当测试忽略了数据部分写入的情况，就会给程序遗留了隐患。所以有返回值的函数，有必要对所有返回值进行一一检验。

（2）有时，一些看似比较小的笔误也使程序功能发生变化，按程序的设计，使用函数 strrchr（ ）查找最后的匹配字符，但程序中误写成了函数 strchr（ ），使程序功能实现时查找的是第一个匹配字符；或者将 if（strncmp（str1，str2，strlen（str1）））误写成 if（strncmp（str1，str2，strlen（str2）））。如果测试用例中使用的数据 str1 和 str2 长度一样，就无法检测出。

因此，在做测试分析和设计测试用例时，应该注意面向对象程序的这个特点，仔细地进行测试分析和设计测试用例，尤其是针对以函数返回值作为条件判断选择、字符串操作等情况。

7.1.4 类测试的方法

具体说类测试的方法有代码检查和执行测试用例两种。

（1）代码检查。同行走查往往能查出 50%—60% 或 60% 以上的比较明显的错误。不足的是代码检查易受人为因素影响，代码检查在回归测试方面明显需要更多的工作量，常常和原始测试差不多。

（2）基于执行测试用例的方法。该方法克服了代码检查的不足，但是确定测试用例和开发测试驱动程序需要很大的工作量。在某些情况下，构造一个测试驱动程序的工作量比开发这个类的还多，此时就应该评估在使用系统之外测试这个类所花的代价和带来的收益。

要对类进行测试，就必须先确定和构建类的测试用例。类的描述方法有对象约束描述的规则语言（OCL，即 Object Object Constraint Language）、自然语言、状态图等方法，可以根据类说明的描述方法构建类的测试用例。

（1）根据类的说明确定测试用例。用 OCL 表示的类的说明中，描述了类的每一个限定条件。在 OCL 条件下分析每个逻辑关系，得到由这个条件的结构所对应的测试用例。这种确定类的测试用例的方法叫作根据前置条件和后置条件构建测试用例。其总体思想是为所有可能出现的组合情况确定测试用例需求。在这些可能出现的组合情况下，类可满足前置条件，也能够到达后置条件。根据这些需求，创建测试用例；创建拥有特定输入值（常见值和特殊值）的测试用例；确定它们的预期输出值。例如，A、B、C 代表用 OCL 表示的组件，前置条件和后置条件列表分别如 7-1 和 7-2 所示。

表 7-1 前置条件对测试系列的影响

前置条件	影响
True	（true、post）
A	（A、post） （not A、exception）
Not A	（not A、post） （A、exception）
A and B	（A and B、post） （not A and B、exception） （A and not B、exception） （not A and not B、exception）
A or B	（A、post） （B、post） （A and B、post） （not A and not B、exception）

前置条件	影响
Axor B	（not A and B、post） （A and not B、post） （A and B、exception） （not A and not B、exception）
A implies B	（not A、post） （B、post） （not A and B、post） （A and not B、exception）
If A then B else Cendif	（A and B、post） （not A and C、post） （A and not B、exception） （not A and not C、exception）

表7-2　后置条件对测试系列的影响

后置条件	影响
A	（pre；A）
A and B	（pre；A and B）
A or B	（pre；A） （pre；B） （pre；A or B）
Axor B	（pre；not A or B） （pre；A or not B）
A implies B	（pre；not A or B）

根据前置条件和后置条件创建测试用例的基本步骤如下。

步骤一：确定在表7-1中与前置条件形成匹配的各个项目所

指定的一系列前置条件的影响。

步骤二：确定在表 7-2 中与后置条件形成匹配的各个项目所指定的一系列前置条件的影响。

步骤三：根据影响到列表中各个项目的所有可能的组合情况从而构造测试用例需求。一种简单的方法就是：用第一个列表中的每一个输入约束来代替第二个列表中每一个前置条件。

步骤四：排除表中生成的所有无意义的条件。

（2）根据状态转换图构建测试用例。状态转换图以图例的形式说明了与一个类的实例相关联的行为。状态转换图可用来补充编写的类说明或者构成完整的类说明。状态图中的每一个转换都描述了一个或多个测试用例需求。因而，可以通过在转换的每一端选择有代表性的值和边界来满足这些需求。如果转换是受保护的，那么也应该为这些保护条件选择边界。状态的边界值取决于状态相关属性值的范围，可以根据属性值来定义每一个状态。

（3）两种构建测试用例方法的比较。和根据前置条件和后置条件创建类的测试用例相比，根据状态转换图创建类的测试用例有非常大的优势。在类的状态图中，类相关联的行为非常明显和直观，测试用例的需求直接来自状态转换，因而很容易确定测试用例的需求。

不过基于状态图的方法也有其不利的方面，如要完全理解怎样根据属性值来定义状态；事件是如何在一个给定的状态内影响特定值等。这都很难仅从简单的状态图中确定。因此，在使用基于状态转换图进行测试时，务必在生成的测试用例时检查每个状态转换的边界值和预期值。

7.1.5 基于方法的单元测试

传统的单元测试是针对程序的函数、过程或完成某一定功能的程序块。沿用单元测试的概念,面向对象程序测试类成员函数。一些传统的测试方法在面向对象的单元测试中都可以使用,如等价类划分法、因果图法、边界值分析法、逻辑覆盖法、路径分析法、程序插装法等。

面向对象编程的特性使得对成员函数的测试不完全等同于传统的函数测试,尤其是继承特性和多态特性,怎样测试子类继承或重载的父类成员函数,是传统测试中未遇见的问题。对这类问题,从以下两方面考虑。

1. 继承的成员函数是否都不需要测试

对父类中已经测试过的成员函数,两种情况需要在子类中重新测试,第一是继承的成员函数在子类中做了改动;第二是成员函数调用了改动过的成员函数的部分。假设父类 Base 有两个成员函数 Inherited( )和 Redefined( ),子类 Derived 只对 Redefined( )做了改动。Derived::Redefined( )显然需要重新测试。对于 Derived::Inherited( ),如果它调用 Redefined( )的语句(如:x=x/Redefined( )),就需要重新测试;反之,无此必要。

2. 对父类的测试是否能照搬到子类

沿用上面的假设,Base::Redefined( )和 Derived::Redefined( )已经是不同的成员函数,它们有不同的服务说明和执行。对此,照理应该对 Derived::Redefined( )重新测试分析,设计测试用例。但由于面向对象的继承使得两个函数有相似,故只需在

Base∷Redefined( )的测试要求和测试用例上添加对 Derived∷Redfined( )新的测试要求和增补相应的测试用例,以下的代码段为例进行分析。

Base∷Redefined( )含有如下语句

If(value<0) message ("less");

else if(value==0) message ("equal");

else message("more");

Derived∷Redfined( )中定义为

If(value<0) message ("less");

else if(value==0) message("It is equal");

else

{message ("more");

if(value==88) message("luck");}

在原有的测试上,对 Derived∷Redfined( )的测试只需做如下改动:将 value==0 的测试结果期望改动;增加 value==88 的测试。

7.1.6　抽象类测试

对类基于执行的测试时,需要建构一个类的实例。然而,一个继承体系的根类通常是抽象的,许多编程语言在语义上不允许建构抽象类的实例,这为抽象类的测试带来了很大的困难。在此,提出以下三种测试抽象类的方法。

(1) 需要测试的抽象类单独定义一个具体的子类。通过对具体子类创建的实例测试，来完成对抽象类的测试。这种方法的缺点是如果不是用多层继承，抽象类的方法的实现就不能轻易地传递给抽象子类。但是大部分面向对象的编程语言都不支持多重继承，而且不提倡将多重继承用在这些方面。

（2）将抽象类作为测试第一个具体子孙的一部分进行测试。这种方法不需要开发额外的用于测试的目的类，但需要考虑到为每一个祖先提供恰当的、正确的测试用例和测试脚本方法，从而增加了测试具体类的复杂性。

（3）以对用于测试目的的抽象类的具体版本作直接实现，尝试找到一种为类编写源代码的方法，从而使得该类可以作为一个抽象或具体类而很容易编译。

7.1.7 面向对象的集成测试

传统的集成测试，有两种方式通过集成完成的功能模块进行测试，一种是自顶向下集成，从主控模块开始，按照软件的控制层次结构，以深度优先或广度优先的策略，逐步把各个模块集成在一起。另外一种是自底向上集成，从"原子"模块（即软件结构最底层的模块）开始组装测试。

因为面向对象软件没有层次的控制结构，传统的自顶向下和自底向上集成策略就没有意义，此外，由于构成类的成分的直接和间接的交互，一次集成一个操作到类中通常是不可能的。对 OO 软件的集成测试有两种不同策略，第一种称为基于线程的测试，集成对应系统的一个输入或事件所需的一组类，每个线程被集成并分别测试，应用回归测试以保证没有产生副作用。第二种称为基于使用的测试，通过测试那些几乎不使用服务器类的类（称为独立类）而开始构造系统，在独立类测试完成后，下一层的使用独立的类，称为依赖类，才被测试。这个依赖类层次的测试序列一直持续到构造完整个系统。面向对象软件的集成测试就是遵循类层次结构关系，类最初通过继承集成，逐步从类集合到组件的集成，最后到应用系统的集成。

面向对象的测试与面向对象程序的开发流程是密切相关的。面向对象程序的开发流程分为面向对象分析（OOA，即 Object Oriented Analysis），面向对象设计（OOD，即 Object Oriented Design）及面向对象编程（OOP，即 Object Oriented Programming）三个阶段，所以面向对象的集成测试也需要把三个阶段综合起来考虑。即使代码能正常运行，类提供的功能也得以顺利实现，也仅仅是完成了对类的单元测试，最后验证类是否最终实现了所有要求的功能，还应该以 OOD 阶段的设计结果为依据，检测类提供的功能是否满足设计的要求，是否有缺陷。当然，代码实现与测试过程中可能检验出 OOD 设计的一些弊端，反过来可以对 OOD 设计进行必要的补充与完善。如果通过验证 OOD 结果仍不明确的地方，还应该参照 OOA 的结果，以之为最终标准。

面向对象设计又是以 OOA 为基础，根据客户需求从现实世界中类归纳总结出不同的类别，从而进一步抽象出程序中的类，并建立类结构或进一步构建成为类库。OOD 设计的类，是不同对象的相同或相似的功能集合。由此可见，OOD 是 OOA 的进一步细化和更高层的抽象，是对现实需求进行程序化设计的结果。

OOD 确定类和类结构不仅是满足当前需求分析的要求，更

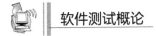

重要的是通过重新组合或加以适当的补充，能方便实现功能的重用和扩增，以不断适应用户的要求。OOA，OOD，OOP 和面向对象测试的关系如图 7-1 所示。

O O System Test

O O Integrate Test

O O Unit Test

O O A Test

O O D Test

O O P Test

O O A

O O D

O O P

图 7-1　OOA，OOD，OOP 和面向对象测试的关系

对 OOD 的测试，综合考虑功能的实现，重用以及 OOA 的结果，从如下三方面进行测试，即对设计的类的测试，对构造的类层次结构的测试，对类库的支持的测试。

1. 对设计的类的测试

OOD 设计的类是以 OOA 中已归纳的类为基础，是对具有共性的不同对象所需服务及属性的抽象。OOD 设计的类原则上应该尽量具有普遍性和基础性，才便于维护和重用。测试 OOD 的类是否涵盖了 OOA 中所有认定的对象、是否能体现 OOA 中

定义的属性、是否能实现 OOA 中定义的服务、是否对应着一个含义明确的数据抽象、是否尽可能少地依赖其他类、类中的方法（C++中类的成员函数）是否单用途。

2. 对构造的类层次结构的测试

继承的关系中，OOD 的类层次结构同样来源于 OOA 中生成的分类结构，着重体现了父类和子类之间一般性和特殊性，对类层次结构的测试应该集中完成父类与子类们的所有功能，测试类层次结构是否涵盖了所有定义的类、是否能体现 OOA 所定义的实例关联、是否能实现 OOA 所定义的消息关联、子类是否具有其父类没有的新特性、子类间的共同特性是否完全在父类中得以体现。

3. 对类库支持的测试

对类库的支持虽然也属于类层次结构的组织问题，但其强调的重点是再次软件开发的重用。由于它并不直接影响当前软件的开发和功能实现，因此，将其单独提出来测试，也可作为对高质量类层次结构的评估。测试点包括一组子类中关于某种含义相同或基本相同的操作，是否有相同的接口（包括名字和参数表）；类中方法（C++中类的成员函数）功能是否较单纯，相应的代码行是否较少；类的层次结构是否适合具有扩展性，适合将来的二次开发。

传统的集成测试是由底向上通过集成完成的功能模块进行测试，一般可以在部分程序编译完成的情况下进行。对于面向对象程序，相互调用的功能是分布在程序的不同类中，类通过消息相互作用申请和提供服务。类的行为与它的状态密切相关，状态不仅仅是体现在类数据成员的值，也许还包括其他类中的状态信息。由此可见，类相互依赖极其紧密，无法在编译不完全的程序上对类进行测试。面向对象的集成测试通常需要在整个程序编译完成后进行，面向对象程序具有动态特性，只能对整个编译后的程序做基于黑盒的集成测试。

面向对象的集成测试能够更加完全地检测出错误。比如，某些错误在相对独立的单元测试时是无法检测出的，是在多个类相互作用时才会产生出来被检测到。单元测试已经对成员函数进行了全面的测试，集成测试只需关注系统的结构和内部的相互作用。面向对象的集成测试可以分成两步进行，先进行静态测试，再进行动态测试。

静态测试主要针对程序的结构进行，检测程序结构是否符合设计要求。现在流行的一些测试软件都能提供"逆向工程"的功能，即软件工程的生命周期逆向执行，与常规的软件工程流程相反，不是由建模产生的类图再写代码，而是通过代码得到类关系图、状态图等。比如，Eclipse 里所带的 UML 插件，IBM Rational 公司的 Rose 都提供这种功能。使用源程序产生的类图可以更全面地分析程序中各个类之间的关系，将"逆向工程"得到的结果与 OOD 的结果相比较，检测程序结构和实现上是否有缺陷。

动态测试设计测试用例时，通常需要分析整体结构，以结构图、类图或者实体关系图为参考，确定不需要被重复测试的部分，从而优化测试用例，减少测试工作量，使得测试能够达到一定覆盖标准。测试所要达到的覆盖标准可以是达到类所有的服务要求或服务提供的一定覆盖率；或者是依据类间传递的消息，达到对所有执行线程的一定覆盖率；或者是达到类的所有状态的一定覆盖率等。同时也可以考虑使用现有的一些测试工具来得到程序代码执行的覆盖率。

向对象的集成测试在具体设计测试用例时，参考下列步骤。

步骤一：先选定检测的类，参考 OOD 分析结果，仔细分析类的状态和相应的行为，类或成员函数间传递的消息，输入或输出的界定等。

步骤二：确定覆盖标准。

步骤三：利用结构关系图确定待测类的所有关联。

步骤四：根据程序中类的对象构造测试用例，确认使用什么输入来激发类的状态、使用类的服务和期望产生什么行为等。

步骤五：进行集成测试，根据类的层次关系确定测试的先后顺序，尽量使测试用例能够复用。

7.1.8　对象交互

面向对象的软件是由若干对象组成的，通过这些对象的协作来解决某些问题。对象的交互也就是对象与对象之间相互发送请求，请求对方执行或处理这个请求。有时一个对象的本身功能可能不包含任何错误，但是并不代表与别的对象进行信息交流时一定正确。因此，程序中对象的正确协作，即交互，对于程序的正确性是非常关键的。

对象的交互测试的重点是确保对象（这些对象的类已经被单独测试过）的消息传送能够正确进行。对象交互的方式包括在公共操作中将一个或多个类作为形参的类型；公共操作的返回类型是一个或多个类类型；一个类的方法创建了另一个类的实例，并将其作为实现的一部分；类的方法引用了某个类的全局实例。

7.1.9　汇集类测试

使用嵌入到应用程序中的交互对象，或者在独立的测试工具（例如，一个 Tester 类）提供的环境中，使得该环境中的对象相互交互而执行交互测试。根据类的类型可以将对象交互测试分为汇集类测试和协作类测试。

汇集类指的是与其他类对象之间保持一种组合的关联关系的类，在该类的定义中使用到其他类的对象，但是实际上从不和这些对象中的任何一个进行协作，即他们从不请求这些对象的服务。相反，他们会表现出以下的一个或多个行为。

（1）存放这些对象的引用（或指针），通常表现程序中的对象之间一对多的关系。

（2）创建这些对象的实例。

（3）删除这些对象的实例。

可以使用测试原始类（原始类即一些简单的独立的类，这些类可以用类测试方法进行测试）的方法来测试汇集类。测试驱动程序要创建一些对象，作为消息中的参数被传送给一个正在测试的集合。测试用例的中心目的是保证实例被正确加入集合以及被正确地从集合中移出，测试用例说明的集合对其容量有所限制。因此，每个对象的准确的类（这些对象是用在汇集类的测试中）

在确定汇集类的正确操作时是不重要的，因为在一个集合实例和集合中的对象之间没有交互。

7.1.10　协作类的测试

不是汇集类的非原始类就是协作类，这种类在它们的一个或多个操作中使用其他的对象并将其作为他们的实现中不可缺少的一部分，也就是使用到了其他类的功能。比如，kitchen 类的定义中使用了 microwave、fridge 类的对象，kitchen 就是一个协作类，它的实现中必然离不开 microwave、fridge 的对象。当接口中的一个操作的某个后置条件引用了一个协作类的对象的实例状态，则说明那个对象的属性被使用或修改了。由此可见，协作类的测试的复杂性远远高于汇集类或者原始类测试的复杂性。

7.2　面向对象集成测试的常用方法

面向对象的集成测试应参考以下 5 个原则。

原则 1：首先测试原始类。

原则 2：测试仅调用原始类的类。

原则 3：有继承层次关系的先测试父类再测试子类。

原则 4：集成时尽量一次添加一个被测试的类或组件。

原则 5：形成组件的先单独测试组件再集成到子系统。

测试原始类及前面所提到的汇集类，可以通过测试驱动程序创建一些实例，传送给正在测试的集合来完成。测试协作类比较复杂，需要与之相关联的每一个类的一个或多个实例。以 UML 时序图为指导，构建对象交互的测试用例。

穷举测试法虽然是一种可靠的测试方法，但是通常由于测试用例的数目太多而不可能进行。因此，为了在最感兴趣的地方发现错误，采用以下两种测试用例抽样方法以选择测试用例，第一种是基于概率分布的抽样方法，第二种是特殊的抽样技术——正交阵列测试（OATS，即 Orthogonal Array Testing Strategy）。

基于概率分布的抽样方法分析所有可能被执行的测试用例，包括所有前置条件和所有输入值可能的组合情况。然后根据用户的使用情况，如可按使用频率来给出概率，或统一分布，创建基于某个概率分布选择的总体的子集。最后归纳出分层样本，即样本的一个集合。其中的每个样本代表一个特定的个体。这样一来一个测试总体被分成若干子集，一个子集包含了针对某个特定内容的所有测试，可以在每个独立于其他子集的子集上进行抽样。

正交阵列测试（OATS）提供了一种特殊的抽样方法，通过定义一组交互对象的配对方式的组合，以尽力限制测试配置的组合数目的激增。正交阵列是一个数值矩阵，每一列代表一个因素。在正交阵列测试中，它代表软件系统中一个特定的类族。每一个因素变量都可以取一组特定的值，称为级别，在正交阵列测试中，每一个级别就是类族中一个特定类以及对应这些类的一系列状态。正交阵列中，各个因素组合成配对方式，假设有 3 个因素，即 A、B、C，每个因素有 3 个级别，即 1、2、3，那么这些值就有 27 种可能的组合情况，表 7-3 列出了 3 个因素配对方式的部分组合情况。

表7-3　3个因素（每个因素有3个层次）配对方式的组合情况

	A	B	C
1	1	1	3
2	1	2	2
3	1	3	1
4	2	1	2
5	2	2	1
6	2	3	3
7	3	1	1
8	3	2	3
9	3	3	2

基于正交阵列确定测试用例步骤如下。

步骤一：确定所有的因素。发送类族，接收类族，消息中每个参数位置的类族，及每个类族的状态因素。

步骤二：确定每个因素的级别数。

步骤三：定位一个适合这个问题的标准正交阵列。

步骤四：建立从每个因素到阵列中整数的映射，以便可以解释这个标准阵列。

步骤五：基于映射和表中的行构建测试用例。

利用图7-2所示的类图，讲解如何应用OATS进行测试。

图7-2的例子中，共6个因素，类A族，类P族，类C族及其状态因素。

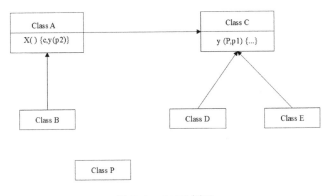

图 7-2　OATS 例子

每个因素的级别数：类 A 族有 2 个级别，类 P 族有 1 个级别，类 C 族有 3 个级别。

状态因素：类 A 族的状态因素有 2+3 个级别（类 A 实例有 2 个状态，类 B 实例有 3 个状态）；类 P 族的状态因素有 2 个级别（类 P 实例有 2 个状态）；类 C 族的状态因素有 2+3+3 个级别（类 C 实例有 2 个状态，类 D 实例有 3 个状态，类 E 实例有 3 个状态）。

选定标准正交阵列：$L_{18}(2^1 \times 3^7)$ 1 个因素包含 2 个级别，7 个因素包含 3 个级别，最后两列（多余的列）未使用。因素–阵列值映射如图 7-3 所示。

标准的正交阵列 $L_{18}(2^1 \times 3^7)$ 中第 10 行解释为编号为 10 的测试用例，而在这个测试用例中，通过将处于状态 3 的类 P 的一个实例传送给处于状态 2 的类 E 的一个实例，处于状态 1 的类 B 的一个实例将要发送消息。

OATS 的用途之一是能够改变被测试软件覆盖的完全程度，

类 A 族

域值	阵列值
A	1
B	2

类 P 族

域值	阵列值
P	1
P	2
P	3

类 C 族

域值	阵列值
C	1
D	2
E	3

类 A 族状态因素

域值	阵列值
A，状态 1	1
A，状态 2	2
A，状态 1	3
B，状态 1	1
B，状态 2	2
B，状态 3	3

类 P 族状态因素

域值	阵列值
P，状态 1	1
P，状态 2	2
P，状态 2	3

类 C 族状态因素

域值	阵列值
C，状态 1	1
C，状态 2	2
C，状态 2	3
D，状态 1	1
D，状态 2	2
D，状态 3	3
E，状态 1	1
E，状态 2	2
E，状态 3	3

图 7-3　因素 -阵列值映射

以下是一些可能用到的层次。

（1）穷举性。考虑全部因素的所有可能的组合情况。代价高，信任级高。

（2）最小性。仅仅测试每个级别基类之间的交互。测试用例少，信任级低。

（3）随机性。测试人员随意根据几个类来选择测试用例。

信任级不清，测试用例数目任意。

（4）代表性。统一地抽样，确保每个类都被测试到某种程度。对各个类来说信任级相同，测试用例的数目减至最少。

（5）加权代表性。把用例加入具有代表性的方法中，以类的相对重要性或类相关联的风险性作为基础。

7.3 面向对象的系统测试

单元测试和集成测试仅能保证软件开发的功能得以实现，但不能确认在实际运行时，它是否满足用户的需要，是否存在实际使用条件下会大量诱发产生错误的隐患。为此，对完成开发的软件必须经过规范的系统测试。开发完成的软件仅仅是实际投入使用系统的一个组成部分，需要测试它与系统其他部分配套运行的表现，以保证在系统各部分协调工作的环境下也能正常工作。

系统测试应该尽量搭建与用户实际使用环境相同的测试平台，应该保证被测系统的完整性，对临时没有的系统设备部件，也应有相应的模拟手段。系统测试时，应该参考 OOA 分析的结果，对应描述的对象、属性和各种服务，检测软件是否能够完全"再现"问题空间。系统测试不仅是检测软件的整体行为表现，从另一个侧面看，也是对软件开发设计的再确认。面向对象的系统测试具体测试内容如下。

（1）功能测试。测试是否满足开发要求，是否能够提供设计所描述的功能，是否用户的需求都得到满足。功能测试是系统测试最常用和必需的测试，通常还会以正式的软件说明书为测试标准。

（2）强度测试。测试系统的能力最高实际限度，即软件在一些超负荷的情况，功能实现情况。如要求软件某一行为的大量重复、输入大量的数据或大数值数据、对数据库大量复杂的查询等。

（3）性能测试。测试软件的运行性能，常常与强度测试结合进行，需要事先对被测软件提出性能指标，如传输连接的最长时限、传输的错误率、计算的精度、记录的精度、响应的时限和恢复时限等。

（4）安全测试。验证安装在系统内的保护机构确实能够对系统进行保护，使之不受各种非常的干扰。安全测试时需要设计一些测试用例试图突破系统的安全保密措施，检验系统是否有安全保密的漏洞。

第8章 软件测试管理

8.1 测试管理原则

软件测试项目管理先于测试活动而开始，持续贯穿整个测试项目之中，是软件工程的保护性活动。为了保证测试的成功管理，坚持下列的测试项目管理原则是非常必要的。

（1）把质量放在第一位，测试工作的根本在于保证产品的质量，应该建立一套质量责任制度。

（2）有一个经各方一致同意的、清楚的、完整的、详细的和切实可行的需求定义。能够制定好测试策略，有计划地安排工作，系统地解决方案，制定合理的时间表。为测试计划、测试用例设计、测试执行及评审等留出足够的时间。

（3）重视测试计划，在测试计划里清楚地描述测试目标、测试范围、测试风险、测试手段和测试环境等。

（4）测试用例设计前，要充分和开发人员、产品经理等讨论清楚，要进行集体审查，确保其高覆盖率，并注意不断完善测试用例。

（5）要适当地引入测试自动化或测试工具，前期准备工作要充分，不能盲目。

（6）对测试环境不能掉以轻心，要和有关人员审查环境的软、硬件的配置。

（7）充分测试并尽早测试，每次改错或变更后，都应重新测试。项目计划中要为改错、再测试、变更留出足够时间。

（8）遇到问题，能准确地判断是技术问题还是流程问题，关注流程上的问题，从而从根本上解决问题。

（9）全程跟踪缺陷状态，及时对缺陷状态进行分析、清理。

（10）流畅地有效沟通、保持文档的一致性和及时性、加强项目的风险管理等。测试的风险更大，细心对待，需要有更及时的应对措施。

8.2　管理体系

8.2.1　测试管理工具

测试管理工具是指在软件开发过程中，对测试需求、计划、用例和实施过程进行管理、对软件缺陷进行跟踪处理的工具。使用测试管理工具能够帮助测试人员或开发人员更方便地记录和监控每个测试活动、不同测试阶段的结果，找出软件的缺陷和错误，记录测试活动中发现的缺陷和改进建议。通过使用测试管理

工具，测试用例可以被多个测试活动或测试阶段复用，可以输出测试分析报告和统计报表。有些测试管理工具可以更好地支持协同操作，从而大大提高测试效率。常用的测试管理工具很多，如嵌入式软件测试工具 LOGISCOPE、白盒工具 NuMega DevPartner Studio、黑盒工具 QACenter、数据库测试数据自动生成工具 TESTBytes 等。其中，NuMega DevPartner Studio 具体包括 BoundsChecker、TrueCoverage、TrueTime 等，QACenter 具体包括功能测试工具 QARun、性能测试工具 QA Load、可用性管理工具 EcoTools、应用性能优化工具 EcoScope 等。

8.2.2 测试原则

（1）应当把"尽早地和不断地进行软件测试"作为软件开发者的座右铭。不应把软件测试仅仅看作是软件开发的一个独立阶段，而应当把它贯穿到软件开发的各个阶段中。坚持在软件开发的各个阶段进行技术评审，才能在开发过程中尽早发现和预防错误，把出现的错误克服在早期，杜绝某些发生错误的隐患。

（2）测试用例应由测试输入数据和与之对应的预期输出结果两部分组成。应当根据测试的要求选择测试用例，用来检验程序员编制的程序，因此不但需要测试的输入数据，而且需要设计针对这些输入数据的预期输出结果。

（3）程序员应避免检查自己的程序。如果条件允许，最好建立独立的软件测试小组或测试机构，程序开发小组也应尽可能避免测试本小组开发的程序。这点不能与程序的调试相混淆，调试由程序员自己来做可能更有效。

（4）在设计测试用例时，应当包括合理的输入条件和不合理的输入条件。合理的输入条件是指能验证程序正确的输入条件，不合理的输入条件是指异常的、临界的、可能引起问题异变的输入条件。软件系统处理非法命令的能力必须在测试时受到检验，用不合理的输入条件测试程序时，往往比用合理的输入条件进行测试能发现更多的错误。

（5）充分注意测试中的群集现象。在被测程序段中，若发现错误数目多，则残存错误数目也比较多。这种错误群集性现象，已被测试实践所证实。应当对错误群集的程序段进行重点测试，以提高测试投资的效益。

（6）严格执行测试计划，排除测试的随意性。测试之前应仔细考虑测试的项目，对每一项测试做出周密的计划，包括被测程序的功能、输入和输出、测试内容、进度安排、资源要求、测试用例的选择、测试的控制方式和过程等，还包括系统的组装方式、跟踪规程、调试规程、回归测试及评价标准等。要明确规定测试计划的内容，不要随意解释。

（7）应当对每一个测试结果做全面检查。有些错误的征兆在输出实测结果时已经明显地出现了，但是如果不仔细地全面地检查测试结果，可能遗漏这些错误。所以要明确定义预期的输出结果，对实测的结果仔细分析检查，尽可能多地暴露错误。

（8）妥善保存测试计划，测试用例，出错统计和最终分析报告，为维护提供方便。测试计划、测试用例、出错统计和最终分析报告都是测试文档的重要组成部分，需要妥善保存，以备维护时提供方便。

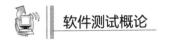

8.3　基本内容

8.3.1　组织管理

从测试的角度看，外部标准包括由外部团体提供的标准测试和客户提供的确认测试。符合外部标准通常是外部团体强制要求的。内部标准是测试公司制定标准，用于提高工作的一致性和可预测性。内部标准规范公司内部的工作过程和方法。这些内部标准包括测试工作产品的命名和保管规定、文档编程标准、测试编程标准、测试报告编写标准。

测试工作产品的命名和保管规定每种测试工作产品（测试规格说明、测试用例、测试结果等）都应该恰当地命名，并有一定的含义。这种命名规则应保证能够很容易地确定一组测试用例所对应的产品功能，能够确定产品功能对应的测试用例。

举一个测试命名规则的例子。考虑由模块 M01、M02 和 M03 组成的某个产品 P。测试包可以命名为 PM01nnnn. <文件类型>。其中的 nnnn 可以是运行序列号或任何其他字符串。对于一个给定的测试，可能需要不同的文件。例如，给定测试可能要使用测试脚本用以描述要执行的具体操作的细节、键盘输入记录文件、预期结果文件。此外，还需要其他支持文件，如数据库的 SQL 脚本。所有这些相关文件都有相同的文件名，如 PM01nnnn 和不同的文件类型（.h、.SQL、.KEY、.OUT）。通过这种命名规则，人们可以找到与特定测试有关的所有文件，查找所有文件名为 PM01nnnn 的文件以及与给定模块有关的所有测试，如以 PM01 开头的文件对应模块 M01 的测试。这样，当对应模块 M01 的功能变更后，很容易找到必须修改或删除的测试。

通过恰当的命名规则实现测试用例和产品功能之间的双向映射，当产品的功能发生变更时，能够很容易地找到需要修改并运行的对应的测试用例。除了文件命名规则，标准还可能规定测试的目录结构规则。这种目录结构可以把逻辑相关的测试用例组织在一起，这些目录结构要映射到配置管理库中。

内部测试标准还包括文档编写标准。有关文档编写和编码标准的大部分都是针对自动化测试。对于手工测试，需要在与测试人员技能水平一致的细节层次上对文档进行规范的描述。

命名和目录标准描述测试实体如何对外表示，而文档标准描述在测试脚本内部如何获取关于测试的信息。测试脚本的内部信息与程序代码的内部文档类似，应当包括文件开头部分的恰当概述，用以描述测试的作用；分散在整个文件中的充分的行间注释，用以解释测试脚本每个部分的作用，对于测试脚本中很难理解的部分或有多层迭代和循环的部分，行间注释尤其重要；当前的历史信息，用以描述对该测试文件所做的所有修改。

如果缺少这样的详细文档，维护测试脚本的员工只能依靠实际代码或脚本，猜测测试的设计意图以及对该测试脚本做了哪些修改，可能造成对测试的理解错误。不仅如此，还有可能造成项目组对最初编写测试脚本的员工不恰当的依赖。

测试编码标准也是内部测试标准的重要部分。测试编码标准又深入了一层，用于规范如何编写测试用例本身。测试编码标准应该在测试用例应该完成的初始化和清理中，强制采用恰当的类型，以使该测试用例的执行结果与其他测试用例的执行无关。测试编码标准还应该规范脚本中的变量命名方法，以保证读者能够一致地理解变量的用途。例如，不应该使用类似 i, j 这样的一般名称。名称应该有含义。例如，network_ init_ flag。测试编码标准还鼓励测试工作产品的重用。例如，所有的测试用例都首先调用初始化模块 init_ env，而不是使用自己的初始化过程。测试编码标准对操作系统，硬件等外部实体提供标准的接口。例如，测试用例要产生多个操作系统进程，不是让每个测试用例都直接产生进程，而是制定编码标准，规定测试用例都调用一个标准函数，比方说 create_ os_ process，通过分别与外部接口隔离，使测试用例能够合理地不受底层变更的影响。

由于测试与产品质量密切相关，因此所有各方必须一致，及时地看到测试的进展。测试报告标准就是要解决这个问题。测试报告标准在报告的详细程度、格式和内容、报告的阅读对象等方面提供指南。

内部标准使测试公司具有更强的竞争力，为避免员工返工和矛盾提供了最重要的保证。内部标准有助于测试功能师的快速成长。在全公司范围内都执行一致的测试过程和标准，可以提高大家对最终产品质量的信心。

8.3.2 过程管理

测试需要预先策划健壮的基础设施，这种基础设施由三种基本要素构成，分别是测试用例数据库、缺陷库和配置管理库和工具。

测试用例数据库保存有关公司内测试用例的相关信息。表8-1给出了这种测试用例数据库的一些实体和每个实体的属性。

表8-1　测试用例数据库的内容

实体	用途	属性
测试用例	记录有关测试用例的所有"静态"信息	• 测试用例表示 • 测试用例名称（文件名） • 测试用例拥有者 • 测试用例的关联文件
测试用例与产品的交叉引用	在测试用例和对应的产品特性之间进行映射，以确定给定特性对应的测试用例	• 测试用例标识 • 模块标识码
测试用例运行历史	记录测试用例执行的时间和执行结果，给出回归测试的测试用例输入选择	• 测试用例标识 • 运行日期 • 所用时间 • 运行状态（成功失败）
测试用例与缺陷的交叉引用	详细记录发现产品特定缺陷的测试用例，给出回归测试的测试用例输入选择	• 测试用例标识 • 缺陷引用号（指向缺陷库中的一条记录）

缺陷库保存所报告产品缺陷的所有细节，表8-2给出了缺陷库包含的一些信息。

表8-2　缺陷库包括的信息

实体	用途	属性
缺陷细节	记录有关测试的所有"静态"信息	• 缺陷标识 • 缺陷优先级/严重等级 • 缺陷描述 • 被影响的产品 • 相关的版本信息 • 环境信息（如操作系统版本） • 发现问题的客户（也可以是内部测试团队） • 缺陷出现的日期和时间
缺陷测试细节	记录给定缺陷对应的测试用例的详细信息。与测试用例数据库的交叉引用	• 缺陷标识 • 测试用例标识
修改细节	记录测试用例执行的时间和执行结果，给出回归测试的测试用例输入选择	• 缺陷标识 • 修改细节（所修改的文件，修改的发布信息）
沟通	详细记录发现产品特定缺陷的测试用例，给出回归测试的测试用例输入选择	• 测试用例标识 • 缺陷引用号 • 沟通细节

　　缺陷库是一种重要的沟通载体，影响着软件公司的内部工作流程。软件产品公司所需的（测试团队也需要）另外一种基础设施是软件配置管理库。软件配置管理库又叫作配置管理库，用于跟踪构成软件产品的所有文件和实体的变更控制和版本控制。变更控制要保证对测试文件的修改要在受控条件下进行，并只能在经过批准后进行；测试工程师进行的变更不会意外丢失或被其

他变更覆盖；每次变更要产生一个能够在任何时间点上重新产生的唯一的文件版本；任何人都只能访问最新版本的测试文件（除特殊情况外）。版本控制保证与产品发布关联的测试脚本和产品文件建立基线。基线是对一套通过了评审的相关的文件版本建立了一种快照，并对这套文件分配唯一的标识。

测试用例数据库、缺陷库和软件配置管理库应该相互匹配，并以集成的方式协同运行，如图8-1所示。例如，缺陷库将缺陷、修改和测试用例关联起来，保存这些内容的文件放在软件配置管理库中，被修改测试文件的元数据又放在测试用例数据库中。这样，从给定缺陷开始，可以通过测试用例数据库跟踪该缺陷对应的所有测试用例，并通过软件配置管理库找出对应的测试用例文件和源文件。

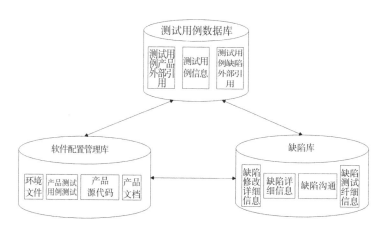

图8-1 软件配置管理库、缺陷库和测试用例数据库之间的关系

为了确定回归测试应该运行以下测试用例。第一类是可以通

过缺陷库找出最近修改了的缺陷和对应的测试用例，从测试用例数据库中提取这些测试用例，组成回归测试用例。第二类是可以从软件配置管理库中找出自上次回归测试以来已经变更了的文件清单，并通过测试用例数据库跟踪到对应的测试文件。第三类是过测试用例数据库可以得到最近没有运行的测试用例集，这些测试用例有可能用于按一定间隔时间进行的定期测试。

8.3.3　人员管理

人员管理对于任何项目管理都是一个重要组成部分，对于从工程师转为经理的人员来说，人员管理常常是一个难题。不仅如此，人员管理还要求经理有聘用、激励、保留合适人员的能力，项目经理常常在任务面前不得不以"摸着石头过河"的方式学习这些技能，人员管理问题在所有类型的项目中都存在。

测试项目还有一些其他挑战，测试公司或测试人员个人的成功非常依赖于明智的人员管理技能。人员管理需要从团队建设工作中持续进行，不能中断，不能一蹴而就。在产品支付最后期限和质量的压力下，团队建设工作会减弱，但是这种工作需要定期重温，使得共同的目标和团队精神在所有相关人员的内部根深蒂固。

8.3.4　相关文档管理

产品的最终成功取决于开发和测试活动集成的有效性。这两个部门之间必须密切协作，此外还要与产品支持、产品管理等部门密切协作。测试的进度计划必须直接与产品发布关联。因此，整个产品的项目策划应该全面，要包含测试和开发的项目计划。项目策划的一些决策内容具体包括以下几条。第一条是开发和测试的同步点，什么时候可以开始不同类型的测试。例如，什么时候集成测试可以开始，什么时候系统测试可以开始等。什么时候开始是受每个测试阶段客观的进入准则决定的。第二条是开发和测试之间的服务等级约定，即测试团队需要多长时间来完成测试。这可以保证测试关注点只集中在发现相关的和重要的缺陷上。第三条是缺陷各种优先级和严重等级的一致定义。这涉及在开发和测试团队之间就所关注缺陷的性质建立一致的认识。第四条是与文档编写小组的沟通机制，保证文档与产品在已知缺陷、避开方法等方面同步。

测试团队的目的就是找出产品中的缺陷，确定发布带有已知缺陷的产品所面临的风险。是否发布的最终决定权在管理层手里，他们要考虑市场压力，并权衡给公司和客户带来的商业影响。

8.4 测试用例复用与管理

8.4.1 测试用例的复用

测试用例复用就是指测试工程师在执行一项新的测试工作时，通过直接调用或修改现有的、适合此项测试的测试用例，并将它们运用其中的过程。测试用例要实现复用必须具备三个条件，一是必须有可复用的测试用例，二是要复用的用例必须有用，三是测试工程师知道如何使用。这三个条件通过测试用例的创建、维护、执行管理可以实现。

能否用有效的方法将测试用例组织起来，每个测试用例集合，甚至每个测试用例，能否独立地运行，决定着测试用例复用能力的强弱。在面向对象的系统中，由于软件测试用例的设计和实现对应被测对象的需求、设计和环境要求，因此最常用的方法是将软件测试用例组织成层次结构，即依据某种原则（如被测对象的层次或测试类型）将测试用例划分为测试用例组，测试用例组又可以被组织在更高层次的测试用例组织中。

但是，这种测试用例的组织方式并不总是理想的。实际中还要求每一个测试用例自身也有一个统一的组织、调用结构。因为每一个测试用例组中也包含有依据众多测试方法生成的测试用例，它们的执行方式、行为往往是不同的。因此，缺乏统一的结构，很难在测试复用过程中对测试用例进行统一的管理。测试用例的复用能否成功，很大程度上依赖测试用例的独立性。组件之所以能够被复用，就在于它能够独立于各种应用场合、应用环境。一般来说，每一个测试用例组的某些测试用例之间往往存在着相互的联系，有些测试用例的运行环境还取决于其他测试用例的执行状态。在复用过程中，有些测试用例由于环境的变化、失效而不能复用时，与之相关联的其他测试用例的可复用属性也随之丧失，这样如何将测试用例之间的联系降至最少，成为测试用例成功复用必须解决的问题。

8.4.2　测试用例的管理

以测试计划为基础，测试团队要设计测试用例规格说明书，而测试用例规格说明又是准备测试用例的基础。测试用例是在给定的环境中对产品进行的一系列操作步骤，使用预先定义的一组输入数据，预期产生预先定义的输出。因此，测试用例规格说明应该明确包括以下内容。

（1）测试的目的。说明测试针对的特性或部件，测试用例应该遵循与被测试特性/模块一致的命名规则。

（2）被测项以及适合的版本号。

（3）运行该测试用例所建立的环境。包括硬件环境设置、支撑软件环境设置（如操作系统、数据库等的设置）、被测产品的设置（正确版本的安装、配置、数据初始化等）。

（4）测试用例所使用的输入数据。所选择的输入数据将取决于该测试用例本身和测试用例所采用的技术（如等价类划分、边界值分析等）。各个字段所使用的实际值应该无歧义地定义（如不要只是说输入一个三位数字的正整数，而是说输入789）。如果测试用例要自动化，那么这些值应该收进文件中使用，而不应该是每次都手工输入数据。

（5）执行测试要遵循的步骤。如果采用自动化的测试，那么这些步骤要翻译为工具的脚本语言。如果要手工测试，那么这些步骤就是测试人员执行测试所使用的详细指示。要保证所编写步骤的详细程度与执行测试人员的技能和专业知识一致。

（6）被认为是正确结果的预期结果。这些预期结果可以是

用户可以看到的，如 GUI 表单、报表等，也可以是对数据库或文件等固定存储的更新。

（7）将所得到的实际结果与预期结果的比较步骤。这个步骤应该对预期结果和实际结果进行智能比较，以发现可能的差异。所谓智能比较，是指应该考虑预期结果和实际结果之间可接受的差异，如终端标识、用户标识、系统日期等。

（8）该测试与其他测试可能存在的关系。可以是测试之间的依赖关系，也可以是跨测试重用的可能性。

8.5　测试管理实践

成功开展测试管理，需要从以下几方面展开工作。

1. 为工作雇用最好的员工

作为一个测试管理者，必须对需要什么人做出评估。假设现在的部门都是极好的探索型的测试员，需要另一个测试人员时，最佳人选也许就是现在这个小组里所没有的类型，最佳人选或许并不"适合"通常的工作方式，但是作为一个测试管理者，雇用一个最佳的员工要用发展的雇用策略，面试时要检验他是否符合这个策略。

2. 安排每周与每个小组成员在不被打扰的环境进行谈话

作为一个测试经理，主要工作之一就是定期评定组织做了些什么并且是怎样做的。还要为员工做一个报告，充分了解他们正在做什么和他们是怎样做的，以此来给他们正式的和非正式的工作成绩考核。每周定期地给小组成员在不被打扰的条件下做一对一的谈话。听取他们工作中的问题或是意见，他们是否需要帮助等。一般安排一周的某天来进行一对一谈话，事先安排出和每个人的特定时间，接下来亲自会见他们每个人。许多管理者说他们没有时间在一周会见每一个员工来谈他们的工作。根据经验，如果不能安排时间和员工进行每周的谈话，他们依然会来打扰管理工作，因为他们无论如何还是必须要来找管理者。

如果安排和员工的谈话，就必须减少计划外的打扰，并且更多地了解他们在做什么。当管理人员清楚他的小组正在做的事情，才能更有效率地帮助他们明确优先应该做的工作，重聚资源，重新计划工程的部分，排除障碍等。

3. 假定员工知道如何完成他们的工作

很多管理者起初做的是技术工作，他们知道他们的员工现在从事的工作。但是如果已经管理了两三年，管理人员也许还没有技术员工知道得多，尤其是怎么样完成日常工作。假设雇用这些人，是因为认为他们能够完成工作，如果设想每个人都知道如何完成他们的工作，管理者将得到比假设他们不知道怎么完成的更好的效果。给员工分派任务，问他们是否需要帮助，然后留给他们独自完成，除非他们寻求帮助。分配工作时，问问员工是否明白该做什么，他或她是否有方法完成。

4. 要用他们能接受的方式对待员工

要用员工能接受的方式，而不是管理者自己可以接受的方式。己所不欲，勿施于人，这条黄金法则可能会对许多生活中的社交有效。

有效率的管理者知道每一个员工需要怎样的对待方式。有的人更乐意接收更多的信息，一些人却需要特定的任务和指示。一些人因为解决新的、很棒的、复杂的问题而更有冲劲，但是还有一些人只是对他们已经知道如何去处理问题就感到舒服。因此，要根据员工的特点，采取合适的方式。

另外，针对不同的工作，不同的人喜欢不同的认同方式。金钱不是表示认同的唯一方式，可以用其他的方式来酬劳员工。有些人喜欢对他个人的感谢，有人乐意收到在公众面前的认可，一些人喜欢奖励电影票，还有人希望有团队来庆祝。无论什么激励，都不一定能激励小组的每一个成员。和小组成员们通过讨论来了解他们每个人比较喜欢的给予奖励的方式，创造一个好的工作环境。

5. 重视结果而非时间

管理人员有时候把对员工的认可建立在员工完成工作所用的时间上，而不是他们最后取得的成绩。但是，花费在工作上的时间不一定和创造性有必然的联系。如果真的想改善工作效率的话，不妨考虑保证员工每周只工作 40 个小时。假设管理者处在一个巨大的障碍前，取消会议会使得小组成员井然有序地安排他们的工作，从而能够最大限度发挥创造性，这往往是一个较好的办法。

参考文献

［1］蔡希尧，陈平．面向对象技术［M］．西安：西安电子科技大学出版社，1993．

［2］P. Coad Object Oriented Analysis［J］．Journal of Information Technology，1988，8（3）：199-200．

［3］汤庸．软件工程方法学及应用［M］．北京：中国三峡出版社，1998．

［4］A. Winblad，S. D. Edwards，D. R. King. Object - Oriented Software［M］．Addison-Wesley，1990．

［5］R. E. Johnson，B. Foote. Designing Reusable Classes［J］．JOOP-Journal of Object-Oriented Programming，1988，1（2）：22-35．

［6］郑人杰．计算机软件测试技术［M］．北京：清华大学出版社，1992．

［7］Brian Marick. Notes on Object-Oriented Testing. http：//www. stlabs. com/marick．

［8］Prof. Alfred Strohmeier，Dr. Didier Buchs，M. Karol Frühauf，et al. Test Selection for Specification-Based Unit Testing of

Object-Oriented Software based on Formal Specifications. http://lglwww. epfl. ch/~barbey/PhD/.

[9] Robert V. Binder. The FREE Approach to Testing Object-Oriented Software：An Overview. http://www. rbsc. com/pages/FREE. html.

[10] 郭健强，蔡希尧. 基于方法序列规范的测试用例生成[J]. 计算机科学，2000，27（1）：4-10.